HERMANN v. HELMHOLTZ

ET LA

THÉORIE DE L'ACCOMMODATION

PAR

M. TSCHERNING

AVEC 21 FIGURES DANS LE TEXTE

PARIS

OCTAVE DOIN ET FILS, ÉDITEURS

8, PLACE DE L'ODÉON, 8

1909

HERMANN V. HELMHOLTZ

ET LA

THÉORIE DE L'ACCOMMODATION

HERMANN v. HELMHOLTZ

ET LA

THÉORIE DE L'ACCOMMODATION

PAR

M. TSCHERNING

« A l'état absolument frais la consistance du
« corps vitré est réellement gélatineuse *(gallert-
« artig)*. En le sectionnant il ne sort que très peu
« de liquide. Ce n'est que par suite d'altérations
« cadavériques que sa substance devient de plus
« en plus liquide; il est vrai que ces altérations
« s'accusent de très bonne heure. »

MERKEL.

AVEC 21 FIGURES DANS LE TEXTE

PARIS

OCTAVE DOIN ET FILS, ÉDITEURS

8, PLACE DE L'ODÉON, 8

1909

HERMANN v. HELMHOLTZ

ET

LA THÉORIE DE L'ACCOMMODATION

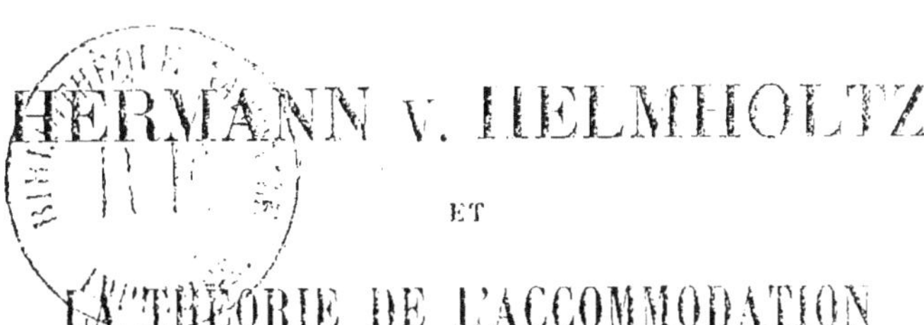

> « A l'état absolument frais la consistance du
> « corps vitré est nettement gélatineuse *(gallert-*
> *« artig)*. En le sectionnant il ne sort que très peu
> « de liquide. Ce n'est que par suite d'altérations
> « cadavériques que sa substance devient de plus
> « en plus liquide; il est vrai que ces altérations
> « s'accusent de très bonne heure. »
>
> MERKEL.

Plus de quinze années se sont écoulées depuis que
j'ai publié mes premiers travaux sur l'accommodation. Ces travaux ont eu un certain retentissement.
Ils ont été discutés un peu partout et ils ont donné
naissance à toute une petite littérature; réunies, les
brochures rempliraient un volume assez considérable. Je me suis peu mêlé à la discussion, occupé
comme j'ai été par d'autres travaux, et aussi par ce
que j'ai voulu laisser à mes idées le temps de mûrir.
Si je suis décidé à rompre mon silence relatif, c'est

qu'il me semble utile, après tant d'années écoulées,
de résumer la question, d'examiner jusqu'à quel point
nos connaissances ont avancé depuis *v. Helmholtz*, et,
si possible, de donner des indications sur les che-
mins par lesquels nous pouvons espérer arriver à
faire des progrès ultérieurs.

À mon grand regret la discussion a pris la forme
d'une lutte pour ou contre l'hypothèse de *v. Helmholtz*. J'aurais mieux aimé qu'il en eut été autrement;
les grands arbres jettent de grandes ombres, ombres dans lesquelles rien ne pousse. L'autorité de ce
grand nom a, sous plus d'un rapport, été nuisible
aux progrès de notre science, à peu près comme les
progrès de l'Optique au XVIIIe siècle furent rendus
difficiles, par suite des erreurs que *Newton* avait com-
mises. Il est d'ailleurs facile de comprendre que l'admiration qu'on éprouve naturellement pour les
grands hommes, fait souvent oublier qu'ils ne sont
pas infaillibles, pas plus que nous autres, et il y a
lieu de rappeler le proverbe français : *Ce ne sont que
ceux qui ne font rien qui ne se trompent jamais.*

Comme il semble impossible de s'occuper de cette
question sans discuter l'hypothèse de *v. Helmholtz*,
j'exposerai les raisons pour lesquelles elle me semble
inacceptable. Cette hypothèse est trop connue, pour
que j'aie besoin de la rappeler ici, mais il ne sera
peut-être pas inutile que j'esquisse mes propres
idées avant de commencer la discussion.

Je pense que l'action du muscle ciliaire est double.
Il tend les fibres de la zonule, en même temps qu'il tire

les extrémités postérieures du corps ciliaire et la partie antérieure de la choroïde en avant (en dedans). Les parties périphériques du corps vitré qui y adhèrent intimement, suivent le mouvement et exercent ainsi une pression sur la partie périphérique de la surface postérieure du cristallin. Par suite de la compression des parties périphériques, la partie centrale du cristallin se bombe, comme le ferait tout corps élastique dont on comprimerait les bords.

Ceux qui connaissent l'histoire de la question remarqueront que mes idées présentent quelques analogies avec celles de *Cramer*. Cet auteur admettait une compression des parties périphériques du cristallin, entre l'iris et le corps vitré, conception dans laquelle il convient de remplacer l'iris par la zonule. *v. Helmholtz* abandonnait l'idée de *Cramer*, quand il avait vu que la surface postérieure du cristallin

Fig. 1. — A. Cramer.

augmente aussi de courbure, car, dit-il, une augmentation de la pression hydrostatique dans le corps vitré
ferait bien augmenter la courbure de la surface antérieure, mais elle aplatirait la surface postérieure.
L'objection est très juste; mais il n'y a pas de pression hydrostatique, le corps vitré jeune n'est pas un
liquide. L'effet n'est pas dû à une augmentation de
pression dans le corps vitré, mais à un déplacement
en avant de ses parties périphériques. Pour cette
raison l'aplatissement de la surface postérieure, que
v. Helmholtz avait prévu, se borne à la périphérie
de la surface.

1

Tout le monde connaît la forme sous laquelle se présente habituellement le cristallin; c'est celle d'une petite lentille biconvexe dont la surface postérieure est bien plus convexe que la surface antérieure. — On peut admettre pour le rayon de la surface antérieure 10-12 millimètres, pour celui de la surface postérieure 6 millimètres; on trouvera d'ailleurs vers la fin de ce chapitre plusieurs séries de mensurations de ces valeurs.

D'après *v. Helmholtz* cette forme sous laquelle nous connaissons tous le cristallin, n'est pas sa vraie forme. celle qu'il prendrait abandonné à lui-même. Le cristallin serait d'après lui plus épais et les surfaces seraient plus convexes, toutes les deux, mais surtout la surface antérieure, de sorte que les deux surfaces auraient presque la même courbure.

Le cristallin ne présenterait jamais sa *vraie forme*

au moins dans des conditions naturelles. Il serait maintenu aplati au moyen d'une traction exercée par la zonule de *Zinn*. Lorsqu'on fait un effort d'accommodation la zonule se relâche plus ou moins suivant le degré de l'effort, et le cristallin se bombe par suite de sa propre élasticité. Cette élasticité est uniquement due à la capsule.

Le cristallin ne prend sa vraie forme que lorsqu'on fait un effort d'accommodation maxima, ce qui n'arrive jamais, excepté peut-être dans les cabinets des oculistes, s'il y en a encore, qui ont la curiosité de déterminer le *proximum*. Et ce n'est pas encore là tout à fait la vraie forme, car en instillant de l'ésérine on peut rapprocher encore un peu le proximum. On devait donc instiller de l'ésérine pour trouver la vraie forme, et encore n'est-ce pas bien sûr qu'on la trouvât, car il n'est pas impossible qu'on arrive à trouver un myotique plus fort que l'ésérine.

Ce n'est que pendant la première jeunesse que la *vraie forme* est telle que je viens de la décrire. A mesure que l'âge avance, elle change en se rapprochant de plus en plus de la forme que nous connaissons. Mais quant aux forces qu'on invoque pour produire ce changement, je ne pourrais donner la moindre indication[1].

---

1. Je serais, en effet, embarrassé pour dire comment les partisans de l'hypothèse de *v. Helmholtz* s'expliquent la diminution progressive de l'amplitude de l'accommodation. On comprend que chez les vieillards, aux cristallins durs, l'élasticité de la capsule ne puisse pas vaincre la résistance du contenu. Mais comment expliquer, par exemple, la diminution de l'amplitude entre vingt-cinq et trente-cinq ans, à une époque où tout au plus les

Bizarre comme elle est l'hypothèse de *v. Helmholtz* présente pourtant un avantage comparée à tant d'autres théories du domaine de la physiologie. Elle semble admettre une vérification facile, puisqu'elle n'invoque en première ligne que des forces purement physiques. Si ce n'est que la traction de la zonule qui tient le cristallin aplati, il doit être facile d'en produire la *vraie forme* dans un œil mort en relâchant la zonule.

La plupart des oculistes sont trop occupés pour pouvoir s'adonner à des recherches de ce genre, mais je suppose qu'il y en a quelques-uns, qui ont le loisir de le faire. A ceux-là je recommande l'expérience suivante, ainsi que les deux ou trois autres, mentionnées dans la suite. Elles ont été choisies de manière à n'exiger ni des aptitudes spéciales, ni d'autres instruments que ceux qui sont entre les mains de presque tous les oculistes. Et j'ose prétendre que personne ne pourra répéter ces observations très simples sans comprendre qu'on fait fausse route, lorsqu'on essaie d'arriver à une solution du problème de l'accommodation en suivant la voie indiquée par *v. Helmholtz*. Le résultat ne sera peut-être pas le même si on se borne à en lire la description.

parties centrales du noyau présentent quelque résistance tandis que tout le reste a une consistance mucilagineuse. Admet-on une diminution de la force du muscle ciliaire? Ou un renforcement de la traction sur la zonule? Ou une diminution de l'élasticité de la capsule? J'incline à croire qu'on choisirait la dernière hypothèse, car l'élasticité du cristallin est comme la baguette magique qui fait disparaître toutes les difficultés.

On se procure donc un œil humain frais. On enlève la cornée et l'iris et on le place, le cristallin en l'air, dans une petite capsule ayant approximativement la courbure de la sclérotique. En plaçant au-dessus de l'œil un miroir incliné à 45°, on y voit cet œil, comme s'il appartenait à une personne placée en face de l'observateur. On peut donc avec toute facilité mesurer la courbure de la surface antérieure du cristallin mise à nue, avec l'ophtalmomètre de *Javal* et *Schiötz*. Comme la surface est exposée à l'air, les images sont presque aussi brillantes que celles de la cornée. Si elles deviennent moins bonnes, c'est que la surface se ternit; on peut y remédier en y appliquant un peu d'huile.

On est ainsi dans de bonnes conditions pour observer la *vraie forme* du cristallin; par suite de l'ablation de la cornée, l'œil est flasque et la traction que pourrait exercer la zonule, par conséquent nulle. On devrait donc s'attendre à trouver une forte courbure de la surface antérieure du cristallin, mais il n'en est rien. Les yeux vieux présentent la courbure de 10 à 11 millimètres que nous connaissons tous; quant aux yeux jeunes on trouve la surface encore plus aplatie. Au lieu d'un rayon de 5 à 6 millimètres, comme l'exigerait l'hypothèse de *v. Helmholtz*, on trouve des rayons de 12 à 14 millimètres.

On peut maintenant saisir la zonule délicatement avec des pinces, en deux points opposés et exercer une légère traction. On constate alors que la surface augmente de courbure au milieu tout en s'aplatis-

sant vers la périphérie. L'expérience est assez déli-
cate, mais le résultat est hors de doute. Elle a entre
autres été vérifiée par M. *Stadfeldt* et M. *Crzellitzer*.
On la réussit plus facilement avec des yeux de grands
animaux; je l'ai réussie la première fois avec l'œil
d'un cheval.

L'observation a son importance; elle montre jusqu'à quel point on s'est mépris sur l'effet d'une traction exercée sur la zonule. Mais il ne faut pas croire
qu'on puisse obtenir, de cette façon, un changement
qui corresponde à un degré d'accommodation un peu
élevé. Nous avons vu le rayon diminuer de 12 à
10 millimètres, ou un peu plus et c'est tout. Il est
aussi à remarquer que l'expérience ne réussit en général pas avec des yeux tout jeunes; leurs cristallins s'aplatiraient au contraire sous l'influence de la
traction. L'expérience ne réussit évidemment pas non
plus avec des yeux vieux aux cristallins durs.

Ces observations montrent déjà que la traction
exercée sur la zonule ne peut jouer qu'un rôle secon-
daire dans le mécanisme de l'accommodation, puisque le résultat diffère suivant qu'il s'agit d'yeux tout
jeunes ou d'âge moyen.

M. *Heine* a aussi constaté le fait que le cristallin
jeune présente une courbure plus faible après la mort
qu'à l'état vivant. Il a encore fait l'expérience de couper
la zonule tout autour du cristallin, en ne laissant que
deux petits ponts « pour empêcher le cristallin de
plonger dans le corps vitré ». Il a ainsi constaté une
augmentation de courbure : le rayon était de 13 à

14 millimètres avant, de 8 à 10 millimètres après la section. L'observation est exacte, mais c'est à tort qu'on a voulu la considérer comme une confirmation de l'hypothèse de *v. Helmholtz*. Il ne faut pas oublier que celle-ci invoque un relâchement et non une déchirure de la zonule. Dans l'œil jeune, mort, on trouve le cristallin plus aplati que dans l'œil vieux ; en coupant la zonule, M. *Heine* l'a ramené à peu de chose près à la forme du cristallin vieux ; mais il n'en a nullement reproduit la *vraie forme*, ce que d'ailleurs il n'a pas non plus prétendu avoir fait[1]. L'observation n'a probablement rien à faire avec la traction de la zonule. On ne peut pas couper celle-ci sans blesser le corps vitré ; celui-ci s'étale et comme il a des attaches très intimes avec le cristallin il n'y a rien d'étonnant à ce que celui-ci change de forme aussi. — La remarque qu'il était nécessaire de laisser une partie de la zonule pour empêcher le cristallin de plonger dans le corps

---

1. Voici ses expressions : « Si nous comparons les chiffres que j'ai trouvés avec ceux de *v. Helmholtz*, on trouve que le rapport des chiffres pour le cristallin mort, avant et après la section de la zonule, est à peu près le même que celui des chiffres du cristallin vivant pendant le repos et pendant l'accommodation : $\dfrac{13 \text{ à } 14}{8 \text{ à } 10} = \dfrac{10}{6}$. » On a souvent compris cette phrase comme s'il avait voulu dire que le changement qu'il avait constaté, était équivalent à celui constaté par *v. Helmholtz* dans l'œil vivant, ce qui n'est pas le cas. La courbure d'une surface se mesure non pas par le rayon, mais par l'inverse du rayon. Le changement constaté par *Heine* était de $\dfrac{1}{10} - \dfrac{1}{14} = \dfrac{1}{35}$ ou $\dfrac{1}{8} - \dfrac{1}{13} = \dfrac{1}{21}$, tandis que celui constaté par *v. Helmholtz* était de $\dfrac{1}{6} - \dfrac{1}{10} = \dfrac{1}{15}$. En mettant l'indice du cristallin à 1,075, le changement constaté par *Heine* correspondrait à une augmentation de réfraction de 2 D (3,5 D), celui de *v. Helmholtz* à 5 D.

vitré montre que les yeux avaient subi des altérations cadavériques très prononcées. Le travail de
M. *Heine* est d'ailleurs très consciencieusement fait,
et, chose curieuse, tandis qu'il a probablement confirmé beaucoup de personnes dans leur confiance
dans l'hypothèse de *v. Helmholtz*, il semble avoir eu
l'influence opposée sur son auteur. Partisan con-
vaincu avant, celui-ci semble avoir conçu des doutes
après. « Cette hypothèse pourrait bien avoir besoin
de quelques modifications », dit-il.

Ni M. *Heine*, ni personne d'autre n'a donc vu la
vraie forme du cristallin. Mais d'où vient alors la
singulière idée d'attribuer au cristallin, une forme
que personne n'a jamais vue ? Il est tout naturel de
s'adresser à *v. Helmholtz* lui-même pour avoir la
réponse.

v. Helmholtz, a exposé ses idées sur le mécanisme
de l'accommodation dans son célèbre mémoire : *Ueber
die Accommodation des Auges*, dans le premier volume
des Archives de *Graefe*. On ne peut pas ne pas
éprouver une certaine admiration chaque fois qu'on
relit ce travail. C'est en le publiant que *v. Helmholtz*
donna au monde l'ophtalmomètre, qui, plus tard,
modifié par *Javal* et *Schiötz* a su conquérir une
place dans presque toutes les cliniques. C'est là que
nous trouvons ses méthodes pour déterminer la
forme de la cornée, les défauts de centrage de l'œil
et l'angle α. C'est là que nous trouvons les premières
mensurations du cristallin vivant. On avait déjà dé-
couvert les principaux changements accommodatifs,

mais nous trouvons au moins dans le travail de
v. *Helmholtz* les premières mensurations de ces changements et la démonstration qu'ils suffisent pour
expliquer l'accommodation. Combien peu avons-nous
eu à changer à tout cela! Nous avons modifié les instruments, comme cela arrive toujours. Et ensuite? Il y a la supposition que l'ophtalmomètre puisse servir comme tonomètre qui ne s'est pas vérifié. L'image de réflexion sur la surface postérieure de la cornée, lui avait échappé. Je l'ai trouvée plus tard ou plutôt

Fig. 2. — H. v. Helmholtz.

retrouvée, *Purkinje* l'avait déjà dessinée longtemps
auparavant. Il y a enfin une tendance à attribuer une
part trop grande de l'accommodation à la surface
antérieure du cristallin au détriment de la surface
postérieure. Et c'est à peu près tout!

Toutes ces découvertes remplissent les premières 63 pages du mémoire; les 11 pages restantes contiennent ses idées sur le mécanisme de l'accommodation. On peut regretter qu'il les ait ajoutées; elles déparent ce beau travail. Les grands hommes ne devraient publier que les choses dont ils sont sûrs. Ils peuvent, en énonçant leurs suppositions, insister tant qu'ils veulent sur leurs doutes. Quelques années se passent et le souvenir de leurs doutes s'est effacé, tandis que leurs suppositions se propagent de livre en livre, toujours sous une forme plus affirmative. A la fin on se trouve en face d'un chœur de partisans qui jurent par les paroles du maître, paroles qu'ils ne connaissent le plus souvent que par ouï-dire. C'était là l'histoire de l'Optique dans le siècle qui suivait les découvertes de *Newton*, cela a été aussi l'histoire de la théorie de l'accommodation après *v. Helmholtz*. Celui-ci a employé des expressions aussi hypothétiques que possible[1]; à quoi cela a-t-il servi?

Si nous examinons les faits qu'il énonce comme bases pour ses idées, nous trouvons d'abord une série de considérations anatomiques, d'une valeur plus ou moins contestable. Nous rencontrons entre autres l'idée erronée du cristallin représenté comme

---

1. « Aus den angeführten Gründen werden wir kaum anstehen können den Ciliargebilden in einer oder der anderen Weise eine Mitwirkung bei der Adaptation (Accommodation) zuzuerkennen. » — « Wir müssten annehmen dass im ruhenden Zustande des Auges beim Fernsehen die Zonula gespannt sei, und dadurch der Linse eine abgeplattete Form gebe » etc.

un corps élastique suspendu entre deux liquides, et aussi celle de la zonule comme prenant son insertion près de l'*ora serrata*[1]. Mais de véritables faits sur lesquels il pouvait baser son hypothèse, il n'en avait qu'un seul. Il avait trouvé que le cristallin augmente un peu d'épaisseur pendant l'accommodation, environ d'un demi-millimètre. D'autre part il avait mesuré deux cristallins morts. Il les avait aussi trouvés d'environ un demi-millimètre plus épais que le cristallin vivant en repos. Il ajoute : « Mes méthodes n'admettent pas une erreur d'un demi-millimètre dans la détermination de l'épaisseur. » — Il cite aussi *Krause*, qui donne pour l'épaisseur du cristallin mort des chiffres encore plus élevés que les siens.

Et c'est tout ! C'était sur ce fait et sur les considérations anatomiques qu'il fondait son hypothèse.

Ceci est déjà singulier. Je veux bien admettre que les méthodes, entre ses mains, n'aient pas donné des erreurs atteignant un demi-millimètre. Mais comment ne s'est-il pas méfié des différences individuelles. Ailleurs il y insiste beaucoup : « La « forme du globe de l'œil et de ses parties consti- « tuantes diffère énormément pour les yeux diffé- « rents... Les différences individuelles sont si consi- « dérables, etc... » (*Opt. phys.*, éd. fr. p. 6.) Nous

---

1. L'insertion a lieu tout près du bord antérieur (interne) du corps ciliaire. Les fibres zonulaires continuent jusqu'à l'*ora serrata* ou encore plus loin, mais il y a une adhérence intime entre elles, le corps vitré et le corps ciliaire tout le long de celui-ci.

savons maintenant qu'il y a des différences individuelles de l'épaisseur qui dépassent de beaucoup
celles que *v. Helmholtz* avaient trouvées, comme on
peut le voir sur la table des mensurations, à la fin de
ce chapitre. Nous savons entre autres, grâce à
Priestley Smith, que le cristallin augmente d'épaisseur
avec l'âge, un fait, que les mensurations de *Saunte*
a vérifié. *v. Helmholtz* n'a pas indiqué l'âge des sujets
morts dont il a mesuré les cristallins. S'ils étaient
âgés, la différence d'épaisseur n'aurait rien d'étonnant. — Mais ce n'est pas tout. Que le cristallin mort
soit plus épais ne signifie rien. L'observation n'aurait
de la valeur que s'il avait trouvé le cristallin mort en
état accommodatif. *Et cela il ne le dit pas!* Pourquoi?
Parce qu'il avait trouvé le contraire.

Ceci est à peine croyable! Plus de cinquante années se sont écoulées depuis que *v. Helmholtz* émit
son hypothèse. Des milliers et des milliers de personnes ont répété ses phrases, et il ne s'en est pas
trouvé une seule pour faire remarquer qu'il avait
pour ainsi dire démoli sa propre hypothèse avant
de l'avoir émise! Et c'est pourtant ainsi. Il avait mesuré le rayon de courbure de la surface antérieure de
ses deux cristallins morts et il avait trouvé des chiffres qui concordaient fort bien avec ceux qu'il avait
trouvé pour l'œil vivant *en repos*. Il en fait lui-même
la remarque (p. 49). Il n'y avait aucune ressemblance
avec l'état accommodatif.

Tout ceci est bien singulier et on ne saura probablement jamais, comment les choses se sont passées.

Quant à moi je crois probable que *v. Helmholtz* avait conçu son hypothèse avant d'avoir fait ses mensurations du cristallin mort, et influencé par des travaux qu'il ne cite pas. Et je pense que s'il a donné à son hypothèse une forme aussi dubitative, c'est qu'il la sentait en contradiction avec ses propres mensurations.

Fidèle à son habitude de ne pas travailler le même sujet deux fois *v. Helmholtz* ne revenait plus jamais à cette question. Il a donné deux nouvelles rédactions de ses résultats, dans les deux éditions de l'Optique physiologique, mais les changements qu'il y a faits se bornent à peu de chose. Il a fait ressortir un peu plus le changement accommodatif de la surface postérieure, il a abandonné l'idée de la participation de l'iris dans l'acte de l'accommodation, et il est devenu un peu plus affirmatif dans l'exposé de sa théorie, sans pourtant la donner comme autre chose qu'une simple supposition (*Ansicht*), — et c'est à peu près tout.

v. Helmholtz n'avait donc pas vu la *vraie forme* du cristallin non plus, et je commençais moi-même à désespérer de jamais la trouver quand enfin la lecture de *Th. Young* me mit sur la piste. Cet auteur admet aussi des courbures trop fortes pour son cristallin et il cite sa source. C'étaient les célèbres mensurations de l'œil que *Pourfour du Petit* avait prises au commencement du XVIIe siècle. J'ai donc cherché dans les écrits de *Petit*. Ses travaux ont été publiés dans les mémoires de l'Académie des Sciences;

notre laboratoire les possède en manuscrit. Dans
le mémoire de 1730 j'ai trouvé la série de mensurations suivante. Les mesures sont en lignes de Paris;
je les ai converties en millimètres.

Mensurations de POURFOUR DU PETIT

Yeux morts

AGE	RAYONS		DIAMÈTRE	ÉPAISSEUR
	SURF. ANT.	SURF. POST.		
12	8.5	5.6	9.0	4.5
15	6.8	5.4	9.0	4.5
15	6.2	5.1	8.4	5.6
20	6.8	5.4	9.0	5.6
25	6.8	5.6	9.6	6.0
30	6.8	5.6	9.0	3.9
30	8.5	6.8	10.1	3.8
30	6.8	6.8	9.0	4.5
30	8.2	7.1	9.6	3.9
35	10.2	6.2	10.1	4.5
40	6.8	9.0	10.1	4.5
40	8.5	5.6	9.7	6.5
40	6.8	5.6	9.0	4.5
45	7.3	5.6	9.6	4.5
45	7.3	5.6	9.7	3.9
50	7.9	6.2	9.7	4.5
50	7.9	5.6	9.0	4.5
55	7.3	5.6	9.0	4.5
55	12.4	6.2	9.7	4.5
60	9.0	6.2	10.1	5.0
60	9.0	9.0	9.0	4.5
60	9.0	6.8	10.1	4.5
60	8.5	6.8	9.6	4.5
60	13.5	7.3	9.7	4.5
60	11.3	9.0	9.7	4.3
65	10.7	5.6	9.6	6.3

Ici nous trouvons enfin la *vraie forme* du cristallin
ou au moins quelque chose qui y ressemble... Si

j'avais obtenu des résultats pareils, j'aurais peut-
être été un des partisans les plus fervents de l'hypothèse. Si on compare les résultats de *Petit* avec ceux
que donne la mensuration de l'œil vivant (p. 22-23),
on voit, en effet, qu'il a trouvé le cristallin mort plus
épais que ne l'est le cristallin vivant, et la différence
dépasse de beaucoup le demi-millimètre constaté
par *v. Helmholtz*. Nous trouvons aussi dans les mesures de *Petit* la forte courbure de la surface antérieure qu'exige la théorie. *v. Helmholz* avait admis
comme courbure du cristallin accommodé 6 mm. pour
la surface antérieure et 5 mm. 5 pour la surface postérieure ; presque tous les yeux jeunes mesurés par
Petit présentent des courbures analogues. La courbure diminue avec l'âge, comme l'exige aussi la
théorie. — Si maintenant on se rappelle que les mensurations de *Petit* étaient célèbres et encore citées
partout à l'époque où *v. Helmholtz* écrivait, il devient
probable que c'est en comparant ses mesures, obtenues sur le vivant, avec celles de *Petit*, qu'il a conçu
son hypothèse. Si singulière que paraisse l'hypothèse, si on se borne à étudier seuls les chiffres de
v. Helmholtz, aussi probable devient-elle, si on con-
sidère ceux de *Petit*.

Si on demande comment *Petit*, qui était un observateur très consciencieux et dont les autres mesures
de l'œil étaient justement célèbres pour leur exactitude, comment il a pu commettre des erreurs aussi
grossières, je dirai que cela n'a rien de bien étonnant.
Il avait disposé son expérience à peu près comme

nous, mais — au xviie siècle on n'avait pas d'ophtalmomètre. Il s'était fait faire des plaques de cuivre
portant chacune une entaille semi-circulaire; les dia-
mètres des entailles formaient une série : 10″, 9″,5,
9″, etc. En appliquant le bord de l'entaille contre la
surface à mesurer il cherchait celle qui s'y adaptait
le mieux et prenait son diamètre comme mesure. Si
une telle méthode a pu donner des résultats passa-
bles pour des vieux cristallins durs il n'y a pas à
s'étonner qu'elle ait complètement échoué avec des
cristallins jeunes.

C'est ainsi qu'après avoir cherché en vain la
vraie forme du cristallin dans tant d'yeux vivants
et morts, j'ai enfin fini par la trouver — dans les
mesures erronées de *Pourfour du Petit*. L'hypothèse
de *v. Helmholtz* qu'on suppose fondée sur des mensurations d'une exactitude raffinée, dérive, suivant
toute probabilité, d'observations faites au xviie siècle
avec les instruments les plus grossiers. Ces observations ont pesé comme un cauchemar sur notre
science depuis près de deux siècles. En serons-nous
enfin délivrés? Il est bien à craindre que le spectre
de *Pourfour du Petit* continue encore à hanter les
esprits de quelques-uns de nos contemporains. On
comprend en somme l'attachement de notre génération à cette hypothèse que « nous avions tous apprise
et jamais comprise » comme disait *Javal*.

J'ajoute ici les résultats des mensurations du cristallin
mort de *C. Krause*. Ce sont les meilleures qui existent de

l'époque qui précédait l'invention de l'ophtalmomètre. *Krause* divisait la partie antérieure de l'œil (cornée et sclérotique) par un coup de rasoir, complétait la section avec des ciseaux, plaçait une des moitiés de l'œil sous l'eau et couvrait le tout avec une plaque de verre quadrillé. Il lisait sur cette plaque les coordonnées des différents points de la surface. Les résultats concordent très bien avec ceux que donne l'ophtalmomètre ; l'avant-dernier cristallin présente une épaisseur énorme et n'a peut-être pas été normal. *Krause* compare la surface antérieure à une ellipsoïde de révolution autour du petit axe, la courbure augmentant fortement vers les bords, résultat que les mensurations modernes ont aussi confirmé (v. p. 42).

Mensurations de C. KRAUSE

Yeux morts

AGE	RAYONS		DIAMÈTRE	ÉPAISSEUR
	SURF. ANT.	SUF. POST.		
21	9.6	4.3	9.6	4.2
21	9.8	4.6	9.0	4.1
29	8.8	5.1	9.3	5.3
29	11.2	5.5	9.0	4.2
36	10.6	5.1	9.3	4.5
40	8.6	5.1	9.3	5.0
40	7.3	5.6	9.3	5.4
50	5.6	3.6	4.6	7.0
60	9.9	5.6	9.0	4.3

Dans ces dernières années MM. *Auerbach* et *Sante* ont mesuré un grand nombre d'yeux vivants. Le premier a travaillé avec l'ophtalmophakomètre, le second avec *l'ophtalmomètre décentré* que je décrirai plus loin. Les mensurations de *Saunte* montrent très bien comment l'épaisseur du cristallin augmente avec l'âge en même temps que la profondeur de la chambre diminue. La courbure semble aussi augmenter un peu avec l'âge, comme conséquence de l'augmentation de l'épaisseur. En divisant les sujets en classes suivant l'âge on obtient les résultats suivants :

AGE	Rayon Surf. ant.	Rayon Surf. post.	Profondeur de la chambre	Epaisseur du cristallin
20 ans	10.5	5.7	3.7	3.6
20-29 —	11.2	6.0	3.7	3.7
30-39 —	10.4	5.6	3.5	4.0
40-42 —	9.6	5.8	3.4	4.3
50 —	9.3	5.4	3.2	4.6

Mensurations d'AUERBACH

Yeux vivants. Repos

AGE	RAYONS		ÉPAISSEUR	AGE	RAYONS		ÉPAISSEUR	AGE	RAYONS		ÉPAISSEUR	AGE	RAYONS		ÉPAISSEUR
	SURF. A.	SURF. P.			SURF. A.	SURF. P.			SURF. A.	SURF. P.			SURF. A.	SURF. P.	
11	9.3	5.4	3.7	22	10.4	5.2	3.6	24	12.4	7.1	4.5	25	10.7	6.0	3.9
—	9.6	5.6	3.4	—	11.7	5.7	3.9	—	9.6	6.9	4.0	26	10.6	5.6	3.4
13	10.8	6.2	4.0	—	10.4	5.8	3.8	—	9.1	6.6	3.8	—	10.4	5.3	4.0
18	11.8	5.4	3.9	—	10.3	5.6	4.6	—	10.1	5.7	3.7	—	9.8	6.1	3.7
—	10.6	5.5	4.1	—	8.8	5.3	4.0	—	10.6	7.3	2.9	27	9.9	5.4	3.7
—	8.7	5.4	3.6	—	10.4	7.5	3.9	—	12.4	5.5	3.5	—	9.4	5.3	3.5
—	9.7	5.7	3.7	23	11.8	5.6	3.7	—	12.2	5.6	4.0	—	9.9	6.6	3.8
19	10.0	6.2	3.8	—	10.2	7.1	4.2	—	11.9	5.5	3.8	—	10.4	5.6	3.4
—	10.9	6.0	4.4	—	10.8	5.6	3.8	—	11.0	6.6	3.7	—	9.7	6.4	4.3
—	9.6	5.7	4.2	—	9.7	6.0	3.7	—	11.5	6.9	3.9	—	9.9	7.1	3.8
—	11.7	6.9	3.8	—	12.2	5.6	3.3	25	11.6	7.0	3.7	29	9.8	5.4	4.2
—	9.7	5.6	3.7	—	12.2	6.8	5.1	—	10.1	5.4	4.3	31	9.6	6.9	4.1
20	8.5	5.7	3.8	—	11.8	6.4	3.6	—	10.7	5.7	3.9	32	10.7	5.3	3.9
—	10.1	6.6	4.5	—	9.4	5.5	3.8	—	10.4	6.2	3.7	33	12.0	6.7	4.1
—	10.5	5.6	4.3	—	9.3	5.5	3.6	—	9.8	6.1	3.8	40	9.4	6.2	3.9
—	8.9	6.9	4.3	—	9.7	5.7	3.5	—	9.8	6.6	4.1	43	11.2	7.3	4.3
21	10.8	6.2	4.1	24	9.7	5.4	4.2	—	11.7	6.3	3.6	45	9.7	5.4	3.8
—	11.1	7.0	4.0	—	11.6	6.8	4.3	—	11.5	6.8	3.9	47	10.1	6.6	4.6
—	11.6	5.8	3.8	—	11.0	6.5	3.3	—	10.9	6.3	3.7	60	9.8	5.4	4.1
22	9.8	7.1	3.6	—	12.0	7.1	4.8	—	9.5	5.6	3.8	62	11.0	5.8	3.7
—	11.0	5.8	3.5	—	9.7	6.0	4.0	—	9.2	5.9	3.4				
—	9.9	5.7	3.9	—	10.2	5.9	3.3	—	9.0	6.9	3.9				

Mensurations de SAUNTE
Yeux vivants. Repos

AGE	CORNÉE	CR. A.	CR. P.	ÉPAISSEUR DU CR.
10	7.6	8.4	5.3	3.7
12	7.7	9.9	4.9	3.6
	7.6	9.4	4.7	3.6
16	7.6	11.6	6.9	3.5
	7.6	10.6	6.7	3.3
18	7.7	10.3	5.7	3.6
	7.6	10.3	6.1	3.6
19	8.1	10.1	5.4	4.2
	8.0	10.7	5.9	3.9
19	7.5	11.0	5.4	3.8
	7.3	10.8	5.5	3.7
20	7.7	10.1	5.7	3.6
	7.7	10.2	5.7	3.7
20	7.3	11.7	6.0	3.3
	7.4	11.7	5.9	3.4
21	7.7	13.2	6.3	3.3
	7.7	13.0	6.5	3.4
21	8.0	9.4	5.7	3.8
	8.0	9.2	5.8	3.6
22	7.6	12.4	5.8	3.4
	7.6	12.8	5.7	3.4
22	7.7	9.8	6.1	3.7
	7.6	10.7	5.5	3.7
23	7.8	11.4	5.6	3.3
	7.7	12.1	5.9	3.4

AGE	CORNÉE	CR. A.	CR. P.	ÉPAISSEUR DU CR.
23	8.5	11.5	6.3	3.5
	8.5	12.0	6.3	3.4
23	7.7	10.2	5.3	4.5
	7.7	9.5	5.5	4.8
24	7.7	11.5	6.2	3.6
	7.6	12.8	6.3	3.6
25	7.6	13.1	5.8	3.5
	7.5	12.2	5.5	3.8
25	7.7	10.6	4.6	3.6
	7.6	10.9	5.8	3.7
25	7.8	12.6	6.0	3.7
	7.7	12.6	6.3	3.8
26	7.8	10.5	7.2	3.5
	7.8	10.0	7.5	3.5
26	7.9	10.9	6.3	3.4
	7.7	9.8	6.8	3.4
26	7.8	13.8	5.8	2.9
	7.8	13.3	5.6	3.0
27	7.8	10.4	5.7	3.7
	7.8	10.5	6.2	3.7
27	7.7	13.2	6.4	3.4
	7.6	13.1	6.0	3.4
27	7.6	10.3	5.6	3.5
	7.7	9.9	5.7	3.6

AGE	CORNÉE	CR. A.	CR. P.	ÉPAISSEUR DU CR.
28	8.0	10.0	5.4	3.9
	8.1	9.7	6.0	3.9
28	7.8	11.5	6.1	3.7
	7.8	11.0	6.1	3.7
29	7.8	11.5	6.5	4.2
	7.9	11.3	6.6	4.2
29	7.7	9.8	5.7	4.4
	7.6	9.3	6.3	4.3
30	7.9	9.8	5.4	4.3
31	8.2	10.6	6.0	3.7
	8.1	10.9	5.5	3.7
32	7.5	12.1	6.0	3.4
	7.3	11.2	6.1	3.4
33	7.8	12.2	5.4	3.8
	7.8	12.6	5.4	3.8
34	8.0	9.9	5.7	4.4
	8.1	9.8	5.7	4.0
36	7.8	9.0	5.7	4.2
	7.8	9.1	5.7	4.3
37	7.6	10.0	5.0	4.7
	7.5	9.8	4.9	4.5
38	7.8	10.2	5.8	4.0
	7.8	9.7	5.7	4.0
42	7.9	9.8	5.6	4.2
	7.9	10.9	5.6	4.2

AGE	CORNÉE	CR. A.	CR. P.	ÉPAISSEUR DU CR.
43	7.7	8.6	6.3	4.0
	7.7	8.4	6.1	4.0
45	7.5	9.5	5.8	4.4
	7.7	8.8	5.9	4.2
46	7.7	9.9	5.4	4.5
	7.6	9.9	5.7	4.5
46	7.6	8.7	5.9	4.1
	7.6	8.4	5.9	4.2
48	7.8	11.4	7.0	4.9
	7.7	10.4	6.7	4.0
50	7.5	9.0	5.1	4.9
	7.5	9.0	5.1	4.9
58	8.0	10.1	5.8	5.1
	8.0	10.0	5.5	5.1
60	7.7	10.0	4.9	4.4
	7.8	10.2	5.1	4.4
63	7.5	9.5	5.8	4.9
	7.5	9.8	5.8	4.8
65	7.4	8.6	5.5	4.3
	7.4	8.6	5.5	4.3
65	7.7	8.7	5.1	4.3
	7.7	8.2	5.0	4.4
67	8.0	9.4	5.8	4.4
	7.9	9.4	6.2	4.4

II

L'évolution de l'hypothèse de *v. Helmholtz*. — « Améliorations » de l'hypothèse. — Le muscle ciliaire devient une sorte de sphincter. — Et le cristallin une manière de ballon élastique. — Observations de *Th. Young*. — Examen skioscopique de l'œil accommodé. — Forme conique des surfaces cristalliniennes pendant l'accommodation. — L'augmentation de l'épaisseur du cristallin. — La surface postérieure joue un rôle considérable pour l'accommodation. — Raisons qui ont fait croire le contraire. — L'aplatissement périphérique des surfaces est une conséquence nécessaire de l'augmentation de l'épaisseur. — Cas de M. *Grossmann*. — Le dessin de l'accommodation de *v. Helmholtz*. — Travaux de *v. Pflugk*. — Pendant l'accommodation la surface postérieure devient parfois concave vers les bords. — Mensurations des changements accommodatifs. — Résultats remarquables de *Maklakoff*.

La théorie de *v. Helmholtz* ne fut pas acceptée d'emblée. Il y avait déjà d'autres théories, qui sont presque oubliées maintenant, celles de *Cramer* et de *Fick*, et peu de temps après *Henri Müller* émit la sienne. Pendant quelque temps on discutait ces différentes théories; encore en 1864 *Donders* dit, en parlant des théories de *v. Helmholtz* et de *Müller* : « J'ai des objections à faire à l'une comme à l'autre, mais je ne les développerai pas. » Peu à peu l'autorité de *v. Helmholtz* grandissait, en même temps que le souvenir de ses réserves s'effaçait. Les énoncés de l'hypothèse prirent une forme de plus en plus catégorique et toute opposition cessa. *Landolt* dit en 1887 : « Toutes les expériences et toutes les observations confirment l'hypothèse de *v. Helmholtz*. » Seul le professeur *Schön*, de Leipzig, parlait contre elle comme dans un désert. *v. Helmholtz* lui-même semble avoir oublié les hésitations de sa jeunesse. Un confrère qui a eu l'occasion d'exprimer ses doutes devant lui, dans les dernières années de sa vie, m'a raconté qu'il défendait son hypothèse énergiquement et semblait y tenir beaucoup. C'est ainsi que les bons parents préfèrent souvent celui de leurs enfants qui est le moins bien venu.

Tout en évoluant, la théorie ne garda pourtant pas exactement la forme que *v. Helmholtz* lui avait donnée. Ses idées sur l'action du muscle ciliaire, qu'il avait surtout puisées dans les travaux de *Bruecke*, sont très justes :

« Il me semble que cette supposition correspond « suffisamment à tous les phénomènes, si le muscle « ciliaire non seulement tire l'insertion de l'iris en « arrière mais fait aussi avancer les extrémités posté- « rieures des procès ciliaires. » Ces expressions sont valables encore aujourd'hui. Le recul de la partie périphérique de l'iris est visible directement et l'avancement des extrémités postérieures du corps ciliaire est bien prouvé par les observations de *Hensen* et *Voelckers*. Mais cette action du muscle ne convient à la théorie que tant qu'on place l'insertion de la zonule près de l'*ora serrata*. Si on l'a placé où elle est, près du bord antérieur (interne) du corps ciliaire, le muscle devrait, d'après les idées de *v. Helmholtz*, non pas relâcher mais tendre la zonule. Or, comme la fausse idée de l'insertion de la zonule était difficile à soutenir, on imagina autre chose.

En disséquant le muscle ciliaire *Henri Müller* avait cru constater l'existence de fibres circulaires près du bord antéro-interne du corps ciliaire. Il en faisait un muscle qui depuis figure sous le nom de sphincter *Müller*, et il croyait que ce muscle pouvait comprimer les bords du cristallin et de cette manière augmenter la courbure des surfaces; c'était là le point essentiel de sa théorie de l'accommodation. Plus tard, d'autres observateurs, comme *Ivanoff*, ont réduit le sphincter de *Müller* à des dimensions très modestes et on peut se demander s'il existe réellement. Ce qu'on voit sur les figures et préparations ordinaires du muscle ciliaire ne semble pas indiquer autre chose que ceci, que les fibres profondes du muscle ne restent pas dans le même plan méridional dans tout leur parcours.

L'étude des changements accommodatifs est rendue particulièrement difficile par le fait que l'iris nous masque la plus grande partie du cristallin ainsi que l'espace périlenticulaire. Pour cette raison *Coccius* se mit à étudier l'accommodation sur des sujets jeunes ayant subi une iridectomie. Il réussit ainsi à constater que le corps ciliaire ne touche jamais le cristallin, ce qui mit fin à la théorie de compression du cristallin de *Müller*. Mais les partisans de *v. Helm-*

holtz s'emparèrent de son sphincter, resté sans emploi. Et c'est ainsi que, dans l'esprit de beaucoup de monde, le muscle ciliaire n'est plus le tenseur de la choroïde, comme *Bruecke* et *v. Helmholtz* le voulaient, mais une sorte de sphincter dont la fonction est de relâcher la zonule. *v. Helmholtz* n'attribua que très peu d'importance aux fibres circulaires. (*Opt. phys.*, 2ᵉ éd., p. 136.)

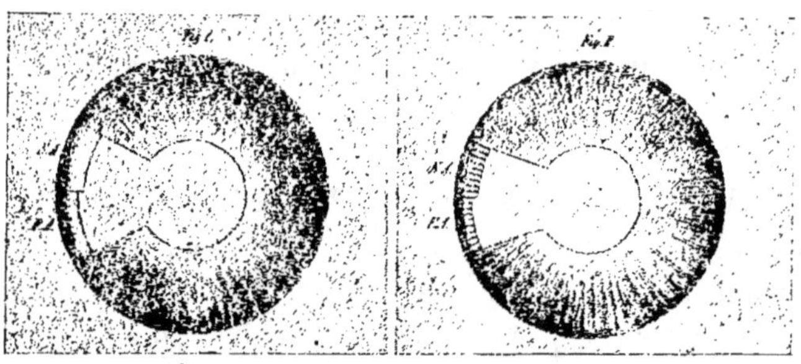

Fig. 3. — Changements accommodatifs d'après *Coccius*. Fig. 1, à l'ophtalmoscope. Fig. 2, à l'éclairage oblique.
F. A. Repos.
N. A. Accommodation.

Coccius constatait en outre que la diminution du diamètre du cristallin pendant l'accommodation est extrêmement faible (fig. 3). — Les procès ciliaires devenaient un peu plus visibles dans le colobome pendant la vision de près, ce qui a aussi dû servir pour étayer l'hypothèse de *v. Helmholtz*. En réalité les procès ne jouent pas de rôle direct pour le mécanisme de l'accommodation ; ils semblent surtout être

des régulateurs de la pression (*Rabl*) et le gonflement
est dû à un afflux de sang. Les fibres de la zonule ne
s'insèrent pas aux procès, elles passent dans les val-
lées qui les séparent.

On « améliorait » encore l'hypothèse sur un autre
point. L'idée de la *vraie forme* du cristallin était
malgré tout un point difficile. On se figurait alors
que le cristallin était comparable à un ballon sphérique, maintenu aplati par une traction exercée sur
l'équateur. Délivré de la traction il tendrait à se rapprocher de la forme sphérique. Le diamètre du cristallin, est presque constant, de 9 millimètres à 9 mm.5.
v. Helmholtz avait trouvé une épaisseur de environ
3 mm. 5 et une augmentation de environ 0 mm. 5 pendant l'accommodation. Avec ces chiffres il n'y avait
pas grand'chose à faire, quant au prétendu rappro-
chement de la forme sphérique. On se figurait alors
le cristallin en repos beaucoup plus épais, on rap-
procha pour ainsi dire sa forme de la forme sphérique, déjà en état de repos, et de cette manière on
arrivait avec un peu de bonne volonté à donner au
cristallin accommodé une forme qui correspondait
à peu près à cette manière de voir. Si on compare la
figure de *Landolt* (1887) avec celles de *v. Helmholtz*
(fig. 4), on voit combien on s'était éloigné de celui-ci
— et de la vérité. En mettant le diamètre à 9 millimètres l'épaisseur du cristallin de *Landolt* serait de
6 mm. 5. Il est extrêmement rare de trouver un cristallin aussi épais, même chez des personnes très
âgées.

Je parlerai tout à l'heure des observations de *Th. Young* qui montrent que le cristallin, loin de se rapprocher de la forme sphérique, s'en écarte au contraire pendant l'accommodation. Depuis que j'ai insisté sur l'importance de ces observations, on s'est éloigné encore plus des idées de *v. Helmholtz*. Celui-ci attribuait l'élasticité du cristallin uniquement à sa

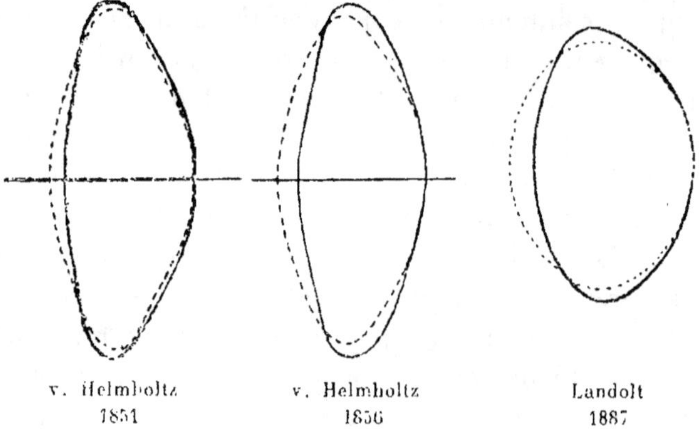

Fig. 4. — L'évolution de l'hypothèse de *v. Helmholtz*.

capsule. Quant aux couches superficielles de la masse cristallinienne, il dit que leur consistance est plutôt mucilagineuse que gélatineuse et qu'elles ne montrent jamais la moindre tendance à reprendre leur ancienne forme lorsqu'on l'a dérangée. Tout le monde peut se convaincre qu'il avait raison en ouvrant un cristallin mort. *Hocquard* compare la consistance de la masse cristallinienne jeune à celle d'une épaisse solution de gomme. Cela n'empêche pas que des partisans des idées de *v. Helmholtz* invoquent parfois « l'élasticité des tubes cristalliniens » (*Elasticität der Linsenröhrchen*) pour expliquer la déformation du cristallin pendant l'accommodation.

Les opinions les plus différentes figurent ainsi sous le nom de *v. Helmholtz*. Elles n'ont que ceci de commun, qu'elles invoquent pour expliquer l'accommodation, une élasticité dont personne n'a encore pu constater l'existence. Il serait à souhaiter qu'à l'avenir on indiquât un peu plus exactement en quoi on est d'accord avec *v. Helmholtz* et en quoi on diffère de lui.

J'avais appris la théorie de l'accommodation sous la forme qu'on vient de lire : on admettait que le cristallin se rapprochait de la forme sphérique. Or, à qui sait un peu d'Optique, il est clair qu'un tel changement devrait produire une aberration de sphéricité considérable ; les parties périphériques de l'espace pupillaire devraient pendant l'accommodation présenter une réfraction plus forte que la partie centrale. Mais en lisant *Th. Young*[1], je voyais qu'il avait fait un

1. Les découvertes de ce grand génie ont eu un sort extraordinaire. Quand *Newton* avait énoncé la théorie d'*émission* de la lumière il n'avait guère été plus affirmatif que *v. Helmholtz*, pour la théorie de l'accommodation ; mais dans le courant du siècle qui l'avait suivi, sa théorie était devenue un dogme, et quand *Young* abandonnait cette théorie, pour reprendre celle d'*ondulation* il rencontrait, de la part des partisans de *Newton*, une résistance telle que personne ne voulait entendre parler de ses idées. Cela ne les empêchait d'ailleurs pas de percer, vers la fin de sa vie, par suite des travaux de *Fresnel*. Sa malchance s'est continuée après sa mort : son admirable travail sur l'accommodation, enfin tiré de l'oubli, s'est heurté contre l'autorité de *v. Helmholtz*, comme ses travaux sur la nature de la lumière s'étaient heurtés contre celle de *Newton*. Ses découvertes égyptologiques ont été mises dans l'ombre par le mérite plus grand de *Champollion*.

certain nombre d'observations qui indiquaient le contraire. Si on s'arrange de manière à masquer la partie centrale de la pupille, l'amplitude de l'accommodation n'est que la moitié de ce qu'elle est dans les circonstances ordinaires. Une amplitude de 8 D. se trouve de cette manière réduite à 3-4 D. Comme la cornée ne change pas de forme, il n'y a qu'une explication possible : les surfaces cristallinienues

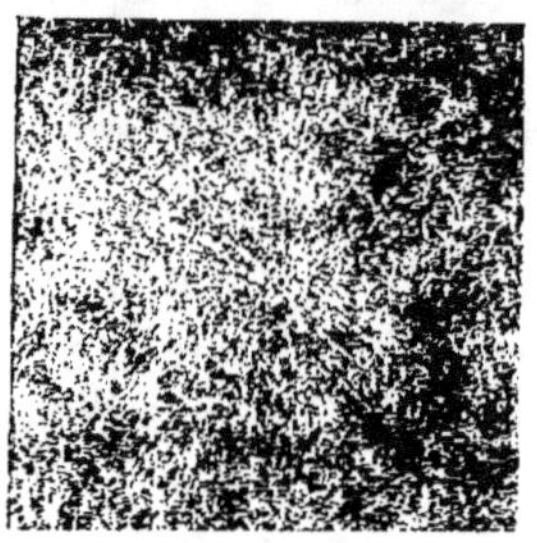 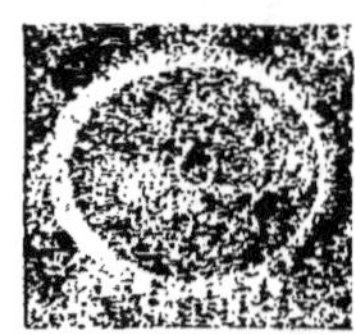

Fig. 5. — Aspect d'un point lumineux.
A. Repos, avec + 8 D.
B. Accommodation de 8 D, sans verre.
D'après de *Lieto de Vollaro*.

doivent s'aplatir vers les bords pendant l'accommodation, les surfaces doivent prendre une forme conique.

Plusieurs des expériences de *Th. Young* sont faciles à répéter. En regardant un point lumineux éloigné, pendant qu'on fait un effort d'accommodation, on le voit sous la forme d'un anneau brillant entourant un disque plus sombre (fig. 5 B). Au contraire, si on laisse l'œil en repos et qu'on le rend myope avec un verre

convexe dont la force correspond au degré d'accommodation qu'on employait, on ne voit qu'un disque
uniformément éclairé et bien plus large que dans le
cas précédent (fig. 5 A). — On tend quelques fils à la
surface d'une lentille convexe de 4 D. de manière à former un quadrillage. En regardant vers une lumière
éloignée, celle-ci se présente sous la forme d'un disque brillant dans lequel se dessinent les ombres des
fils (fig. 6 A). Si alors on fait un effort d'accommodation, on voit les ombres se courber, tournant leur

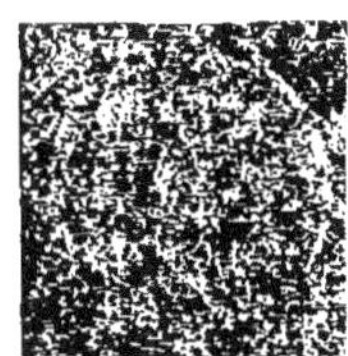

Fig. 6. — Figures aberroscopiques.
A. Repos.
B. Accommodation.
D'après de *Lieto Vollaro*.

concavité vers le centre (fig. 6 B), etc. Ces observations
ne demandent pas des appareils spéciaux, mais elles
exigent que l'observateur soit jeune — *Young* n'avait
que 27 ans — qu'il ait des pupilles larges (ou dilatées)
et qu'il soit maître de son accommodation. Il faut
qu'il sache accommoder pendant qu'il observe un
objet éloigné. Tous ne remplissent pas ces conditions,
mais tout le monde peut faire l'examen skiascopique
de l'œil accommodé.

On choisit un sujet jeune, emmétrope, ayant des pupilles larges et de préférence une taille élevée ; des personnes de petite taille présentent souvent une forte courbure de la cornée, et par suite, en état de repos, une aberration de sphéricité assez prononcée, ce qui peut masquer le phénomène. La cocaïne facilite l'observation, mais elle n'est pas indispensable si la pupille est large. La source lumineuse doit être de petites dimensions ; on peut se servir d'une bougie, mais il vaut mieux prendre une lampe devant laquelle on place un écran, percé d'un trou de 1 centimètre de diamètre. On prie le sujet de fixer une marque, placée de sorte qu'il accommode de 5-6 D). L'observateur se place à environ 30 centimètres du sujet et projette la lumière sur l'œil au moyen d'un miroir concave. La distance de la source lumineuse doit être choisie de manière à ce que l'image formée par le miroir, vienne se placer à peu près à l'endroit de la marque de fixation (principe de *Jackson*).

Examinée de cette manière la pupille présente l'aspect de celle d'un œil atteint d'un léger degré de kératocône (fig. 7). Au centre, on voit une tache brillante ; cette tache est entourée d'un anneau lumineux séparé de la tache par une zone relativement obscure (fig. 7). La moindre inclinaison du miroir déplace la lumière ; la tache centrale se déplace dans le sens du miroir, la lumière de l'anneau dans le sens opposé, ce qui montre bien que l'observateur est placé au delà du foyer de la partie centrale, en deçà de celui de la partie périphérique.

Quoique les observations en question ne soient nullement difficiles à faire, je ne vois guère, en dehors de
mes élèves, que M. *Koster* et M. *Jackson* qui les aient
réussies. La plupart des partisans de *v. Helmholtz* ne
semblent même pas les avoir essayées, ou ils se sont
bornés à essayer les observations subjectives, qui
exigent une jeunesse qu'ils n'avaient plus. On s'est
rassuré avec l'idée que *v. Helmholtz* ne les réussissait

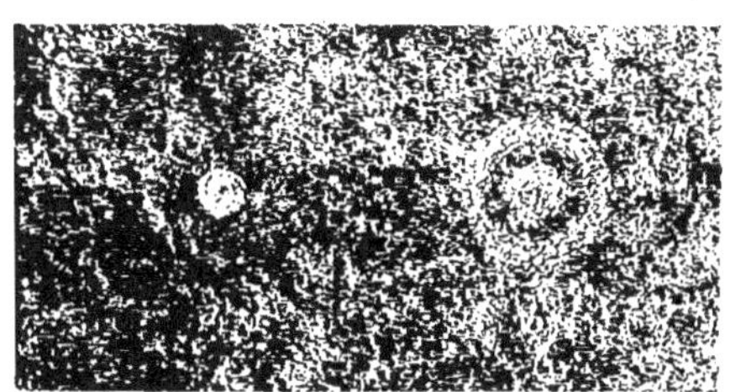

Fig. 7. — *a*. Aspect skiascopique d'un œil rendu myope de 5 D. avec
un verre convexe.
b. Aspect du même œil, accommodant de 5 D, sans verre.

pas non plus, oubliant qu'il n'avait pas non plus l'âge
de *Th. Young*, quand il les essayait, et que de plus, il
n'avait pas d'autre mydriatique à sa disposition que
l'atropine. Je dois pourtant ajouter qu'il y a, comme
on verra, des raisons de croire, qu'il existe sous ce rapport des différences individuelles, mais on n'aura pas
à chercher longtemps avant de trouver un sujet qui
présente les phénomènes dans toute leur netteté.

Ayant vérifié les observations de *Th. Young*, il restait à donner la preuve directe, qu'elles étaient réelle-

ment dues à un aplatissement de la périphérie des surfaces du cristallin. La méthode, dont je me servais pour faire la démonstration, se basait sur les considérations suivantes. Figurons-nous deux sources lumineuses placées à quelque distance d'un miroir convexe. Les deux images formées par le miroir sont séparées par une distance d'autant plus petite que la courbure du miroir est plus prononcée; donc, si la courbure du miroir augmente, les images se rapprochent l'une de l'autre. Si on n'emploie qu'une source lumineuse, on voit l'image subir un déplacement centripète d'autant plus étendu que l'augmentation de courbure est plus prononcée. On sait que c'étaient *Cramer* et *Langenbeck* qui, les premiers, ont réussi à fournir une preuve directe, que l'accommodation se fait par une augmentation de courbure du cristallin. C'était en observant le déplacement centripète de l'image de réflexion sur la surface antérieure qu'ils établirent le fait.

Je plaçais trois lampes, suivant une droite horizontale, de manière a voir leurs images par réflexion sur la surface antérieure du cristallin, près du bord supérieur de la pupille. A l'état de repos, les images étaient rangées suivant une droite; pendant l'accommodation, elles descendaient vers le milieu de la pupille, en se rangeant suivant une courbe convexe vers le centre (fig. 8). Comme le déplacement de l'image centrale était bien plus étendu que celui des images périphériques, il était clair que la courbure augmentait bien plus au milieu que vers la périphérie. On peut

observer des déformations analogues de l'image cornéenne, dans les cas de kératocône, en remplaçant le
disque de *Placido* par un carré blanc. Plus tard j'ai
mesuré la courbure en collaboration avec M. *Besio*.
Nous trouvions un aplatissement considérable, mais
il était pourtant loin de pouvoir expliquer toute la
différence qu'il y avait entre l'accommodation centrale et l'accommodation périphérique, différence que

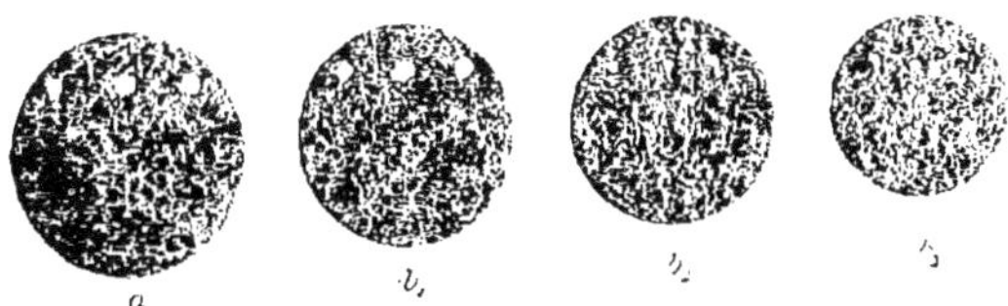

Fig. 8. — Images de réflexion sur la surface antérieure du cristallin.
a, en état de repos.
b, b₂, b₃, en différents états d'accommodation.

nous avions mesuré avec l'optomètre de Young. La
surface postérieure doit donc aussi s'aplatir vers les
bords, et nous avons, en effet, aussi pu constater cet
aplatissement avec l'ophtalmophakomètre. Il est à
remarquer que cet instrument ne permet pas de mesurer des parties très périphériques de la surface postérieure ; on ne peut guère aller plus loin qu'à une
distance de 1 millimètre à 1 mm. 5 de l'axe. Comme
l'aplatissement accommodatif était déjà très sensible
si près du centre, il était à supposer qu'il devait augmenter considérablement vers la périphérie. Nous
verrons tout à l'heure que la surface devient même
concave vers les bords dans certains cas.

Je saisis cette occasion pour insister sur un point sur lequel les travaux de ces dernières années ont modifié mon opinion. Dans mes premières publications j'avais émis des doutes sur l'augmentation de l'épaisseur du cristallin pendant l'accommodation ; elle était très peu prononcée dans l'œil sur lequel je faisais mes premières observations. J'ai eu tort ; toutes les mensurations de ces dernières années ont confirmé son existence, et, dans beaucoup de cas, l'augmentation a été plus prononcée que dans les yeux observées par *v. Helmholtz ;* dans quelques-uns des yeux mesurés par *Maklakoff* elle n'était pas loin d'atteindre la moitié de l'épaisseur du cristallin en repos.

On trouvera vers la fin de ce chapitre des tables contenant à peu près toutes les mensurations qui ont été faites des changements accommodatifs. On verra qu'il semble exister une loi d'après laquelle l'augmentation de l'épaisseur du cristallin pendant l'accommodation est en raison inverse de son épaisseur en état de repos. Plus le cristallin est mince, plus son épaisseur augmente pendant l'accommodation. Ainsi je m'explique que l'augmentation était si peu prononcée dans le premier œil que je mesurais, car l'épaisseur du cristallin était assez considérable 4 millimètres en repos, 4 mm. 3 pendant l'accommodation maxima.

L'augmentation de l'épaisseur a aussi été confirmée par M. *Grossmann.* Il était dans des conditions exceptionnellement favorables pour étudier les changements accommodatifs ; il avait à sa disposition un jeune homme atteint d'aniridie complète des deux yeux, et présentant deux petites opacités placées aux deux pôles de chaque cristallin. M. *Grossmann* indique comme résultat de ses mensurations les valeurs suivantes :

	Homatropine	Etat normal	Esérine
Diamètre du cristallin	12 mm 25	11 mm 5	10 mm 25
Epaisseur du cristallin	—	3 mm 14	4 mm 44

Ces chiffres semblent extraordinaires. Ce serait, je crois, la première fois qu'on aurait observé un cristallin humain de plus de 12 millimètres de diamètre. Mais M. *Grossmann* m'a communiqué qu'il n'a pas tenu compte de l'influence grossissante de la cornée. En réduisant les chiffres on trouve les valeurs suivantes qui ne diffèrent pas beaucoup de celles des autres observateurs.

	Etat normal	Esérine	Différence
Diamètre du cristallin	10 mm 2	9 mm 1	1 mm 1
Epaisseur du cristallin	3 mm 1	3 mm 9	0 mm 8

Les phénomènes skiascopiques que j'ai mentionnés (p. 35) étaient très prononcés sous l'action de l'ésérine, et l'observation avec les trois lampes (p. 37) réussissait aussi pour la surface postérieure. L'observation confirme donc la déformation conique de cette surface pendant l'accommodation. J'ajoute la figure de M. *Grossmann* (fig. 9 A), mais elle donne une idée complètement fausse des résultats de ses mensurations; comme *Landolt*, il a fait son cristallin trop épais. La figure aurait dû avoir l'aspect de la fig. 9 B.

Il y a aussi dans mes premières publications une tendance à attribuer une part trop grande de l'accommodation à la surface antérieure du cristallin; *v. Helmholtz* a aussi eu cette tendance et elle est toute naturelle à qui commence à étudier les images de *Purkinje*. Le déplacement accommodatif de la petite image est en effet très petit, si petit qu'il avait

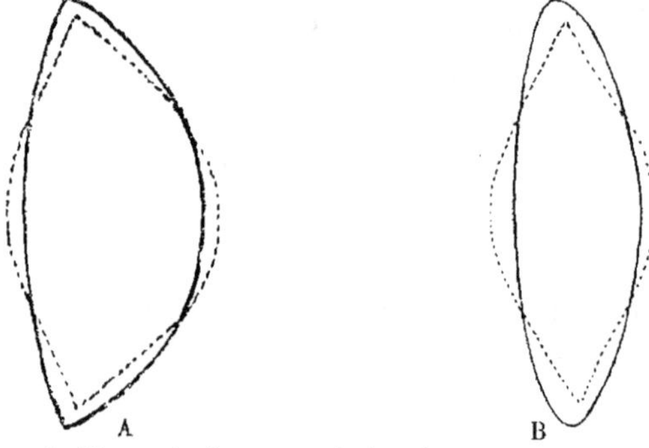

Fig. 9. — A. Figure de l'accommodation de *Grossmann*.
B. La même figure corrigée.

échappé aux premiers observateurs. Et néanmoins, il faut attribuer environ les quatre dixièmes de l'accommodation à la surface postérieure. Pourquoi le déplacement de l'image est-il alors si petit?

Cela tient d'abord à la forte courbure de la surface qui fait qu'une diminution relativement faible du rayon produit déjà une augmentation sensible de la réfraction. Si le rayon diminue de 6 à 5 millimètres, la réfraction augmente de environ 2. 5 D; pour que la surface antérieure produise une augmentation analogue de la réfraction, il faut que son rayon diminue de 12 à 8 millimètres. Dans ces conditions, le déplacement de l'image de la surface postérieure serait donc quatre fois plus petit que celui de l'image de la surface antérieure.

Mais ce n'est pas tout. Nous voyons le cristallin et ses images à travers la cornée. Or, à cause de la position différente des surfaces cristalliniennes, l'action de la cornée diffère pour les deux surfaces. Elle agrandit l'image de la surface antérieure et par conséquent aussi son déplacement, de moitié, tandis qu'elle diminue celle de la surface postérieure presque autant. C'est pour ces raisons que le déplacement de la petite image paraît si insignifiant, malgré que sa part de l'accommodation ne soit souvent pas beaucoup inférieure à celle de la surface antérieure.

Si j'avais gardé jusqu'alors quelque espoir d'arriver à une solution du problème de l'accommodation par la voie indiquée par *v. Helmholtz*, cet espoir s'est évanoui quand je suis arrivé à constater l'aplatissement des parties périphériques des surfaces. Il me semblait, en effet, très risqué d'attribuer au cristallin une sorte d'élasticité telle qu'elle en fit bomber certaines parties tout en aplatissant d'autres. M. *Priestley Smith* m'objectait qu'il est pourtant possible d'imaginer une telle élasticité; il en faisait la démonstration au moyen d'un modèle. Cela est vrai, mais l'élasticité du cristallin est-elle de cette nature? La réponse est négative. Il est très facile d'examiner les parties périphériques de la surface antérieure après la mort, d'après la méthode que j'ai déjà indiquée. Tout le monde peut de cette manière se convaincre, avec l'ophtalmomètre ou simplement avec le disque de *Placido*, qu'après la mort la surface antérieure augmente de courbure vers les bords[1] (fig. 10).

Rien ne montre mieux que cet examen de l'œil mort, combien on fait fausse route en attribuant l'accommodation à l'élasticité du cristallin. Dans ces yeux com-

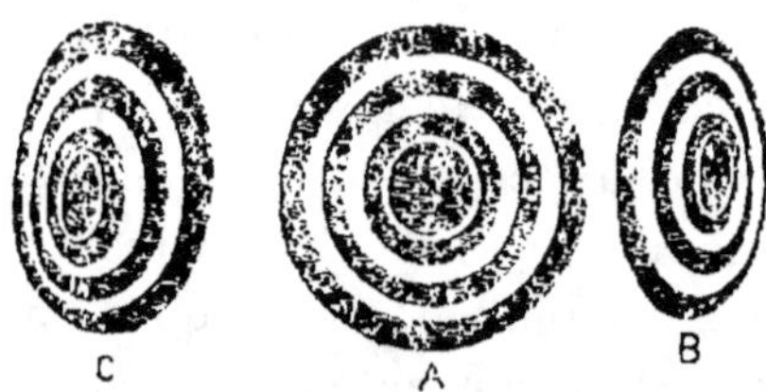

Fig. 10. — Disque de *Placido*. Images de réflexion sur la surface antérieure du cristallin. A au centre, B et C vers les bords.

plètement flasques on trouve au centre une courbure plus faible que dans l'œil en état de repos, et la courbure augmente vers les bords. Dans l'œil accommodé la courbure est plus du double au milieu et la surface s'aplatit vers la périphérie. On m'a objecté qu'il était pourtant possible que la zonule exerçât encore une traction dans l'œil mort et ouvert, et on a voulu voir, dans l'observation de *Heine*, que la courbure augmente si on coupe la zonule, une confirmation de cette

1. On constate souvent un léger aplatissement paracentral (*Daléu*).

manière de voir. C'est là une objection que ferait
difficilement quelqu'un qui a vu l'état dans lequel se
trouve l'œil dans ces conditions. Mais je n'ai qu'à rappeler les vieilles observations de *Krause*; il avait
trouvé la même forme que nous constatons aujour-
d'hui avec l'ophtalmomètre, et cela dans des yeux
coupés en deux suivant l'axe. Est-il possible de se
figurer une traction sur la zonule dans ces conditions?
Et comment une telle traction pourrait-elle faire augmenter la courbure vers les bords?

J'ai beaucoup insisté sur ce fait que la périphérie
du cristallin s'aplatit pendant l'accommodation.
D'abord par admiration pour *Th. Young*; c'est une honte
pour la science du xixe siècle d'avoir laissé ses magnifiques observations, inutilisées et incomprises. Et j'y
ai insisté aussi, parce que c'est à mon avis le phénomène fondamental du mécanisme de l'accommodation. C'est *parce que* les parties périphériques s'apla-
tissent que la partie centrale se bombe de manière
à augmenter la réfraction de l'œil.

Mais je dois maintenant présenter mes excuses
d'avoir tant insisté pour prouver un fait *qui ne peut
pas être autrement qu'il n'est*. Si le cristallin augmente
d'épaisseur, il doit nécessairement s'aplatir vers les
bords. La petite diminution du diamètre est loin de
pouvoir compenser une augmentation d'épaisseur
telle qu'on l'a constatée.

Il y a un exercice que je recommande à ceux qui
ont un peu de temps à sacrifier à cette question. Les
tables à la fin de ce chapitre contiennent un certain

nombre de mensurations des changements accommodatifs de l'œil. Je propose qu'on choisisse un œil
dans lequel l'augmentation d'épaisseur ne soit pas
trop prononcée. On peut prendre un des yeux mesurés par *v. Helmholtz*. Qu'on essaie de dessiner une
section du cristallin, agrandie dix fois, avec la règle
divisée et le compas. On trace une droite qui représente l'axe du cristallin; on y marque les sommets et
on trace les surfaces avec le compas, de sorte que les
rayons correspondent à ceux trouvés par la mensuration en état de repos. En tenant compte du fait que le
diamètre du cristallin est presque constamment de
9 millimètres à 9 mm. 5 ; on arrive, en arrondissant
un peu les bords, à obtenir une représentation pas
trop mauvaise du cristallin en repos. Pour bien faire,
il faudrait un peu aplatir la périphérie des surfaces.
La surface postérieure semble toujours un peu aplatie
vers les bords, la surface antérieure l'est souvent.
Ensuite on répète la construction en se servant des
données du cristallin accommodé et en se rappelant
que le diamètre doit être un peu plus petit que dans
le cas précédent, deux ou trois dixièmes de millimètres de chaque côté, ou un peu plus, si on tient compte
des mensurations de M. *Grossmann*. On verra alors
qu'on n'arrivera pas à dessiner le cristallin accommodé sans en aplatir les surfaces fortement vers les
bords. Autrement son volume devient trop grand.

Qu'on essaie ensuite de refaire le dessin en choi-
sissant un œil présentant une augmentation d'épaisseur plus forte, de 1 millimètre environ. On n'y arri-

vera pas sans rendre la périphérie de la surface postérieure concave. Nous verrons tout à l'heure qu'on
a observé des yeux présentan tune augmentation
d'épaisseur encore bien plus forte. Pour ceux-là on
n'arrive même pas de cette manière à donner une forme
satisfaisante au cristallin accommodé. — Ce sont évidemment les yeux dans lesquels l'épaisseur augmente

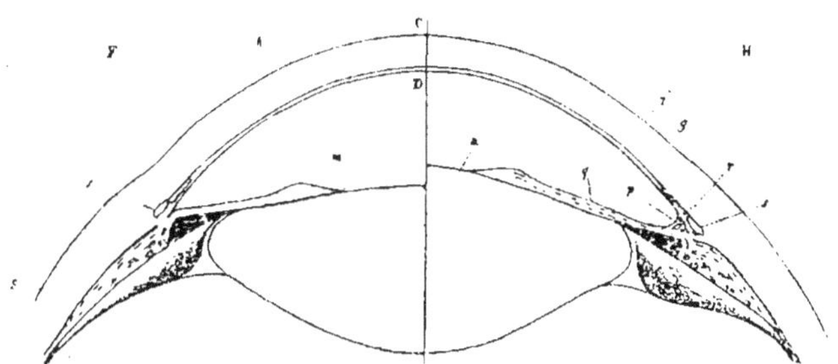

Fig. 11. — Figure de l'accommodation de *v. Helmholtz*.

beaucoup qui réussissent le mieux les observations de
Young.

On ne peut donc pas dessiner le cristallin accommodé sans aplatir les surfaces vers la périphérie ou
même rendre la surface postérieure concave vers le
bord. Et parce qu'on ne peut pas le dessiner autrement, *v. Helmholtz l'a aussi dessiné ainsi*. On le voit
bien sur la fig. 11 qui a été reproduite d'après le
mémoire des Archives de *Graefe* : on le voit encore
mieux sur la fig. 12, 1, où j'ai dessiné les deux formes
l'une sur l'autre. La surface postérieure (accommodée)
est même un peu concave vers les bords. Dans l'Op-

tique physiologique, *v. Helmholiz* a corrigé la figure
pour la mettre autant que possible d'accord avec son
hypothèse (fig. 12, ii); la concavité de la surface postérieure a disparu, mais il n'a pas pu éviter l'aplatissement, et le cristallin accommodé est trop grand.
Telle est l'influence néfaste des fausses conceptions!
Elles agissent même sur l'esprit de ceux qui les ont

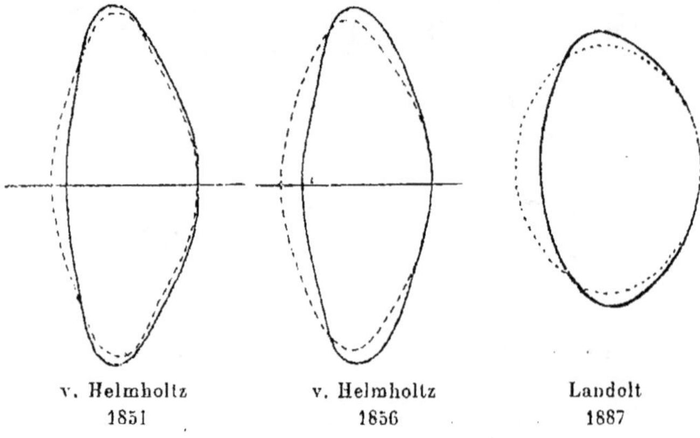

Fig. 12. — L'évolution de l'hypothèse de *v. Helmholtz.*

conçues; la première figure est certainement la meil-
leure. C'est pour cette raison que j'ai de préférence
suivi le mémoire original, qu'on peut supposer avoir
moins souffert de cette influence.

Les beaux travaux de *v. Pflugk* sont venus appor-
ter une confirmation à ces résultats. On sait qu'il fait
congeler l'œil encore chaud, au moyen d'acide car-
bonique liquide; une fois gelé, il le coupe en séries
et prend des photographies avant que la préparation

ne dégèle. Si ces premiers résultats promettaient
beaucoup, ceux qu'il a obtenus depuis sont simplement admirables. C'est en effet la première fois qu'on
a réussi à fixer la forme accommodative du cristallin.
Je reproduis (fig. 13) deux des photographies qu'il

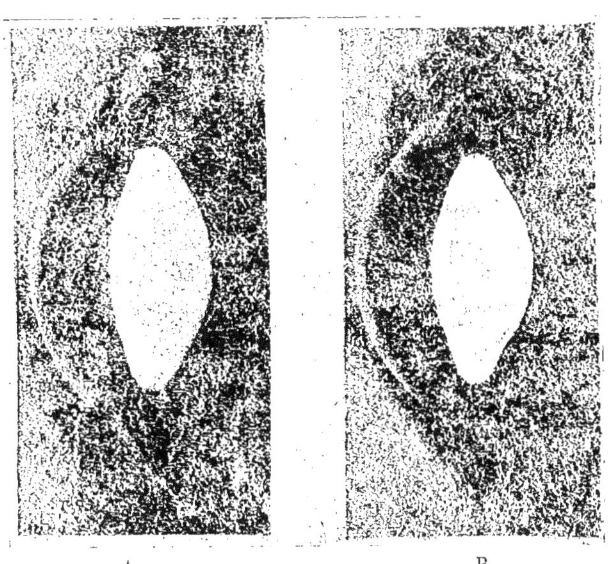

A   B

Fig. 13. — Œil du singe. — A. État naturel. — B. Esérine.
D'après *v. Pflugk*.

a obtenues avec des yeux de singes, l'une corres-
pondant à l'état de repos, l'autre sous l'action de
l'ésérine. Il n'y a, comme on voit, que très peu de
différence entre les figures de *v. Pflugk* et le premier dessin de *v. Helmholtz*. Ses recherches avec
les yeux de pigeons, pour lesquelles il employait la

strophantine pour obtenir l'accommodation maxima, ont donné des résultats tout à fait analogues.

En lisant *v. Pflugk*, je voyais qu'il avait observé, dans certains yeux, une concavité de la partie périphérique de la surface postérieure, concavité qui s'accentuait pendant l'accommodation. Nous en causions au laboratoire et je demandais au jeune oculiste hollandais, *Zeeman*, qui venait à la Sorbonne à cette époque, de voir s'il pouvait trouver des personnes présentant cette concavité. Elle ne devait pas être difficile à constater : à l'endroit où le sens de la courbure change, la surface doit agir comme deux miroirs juxtaposés, l'un concave et l'autre convexe; l'image devrait donc se dédoubler à cet endroit. *Zeeman* n'avait pas à chercher pendant longtemps. Chez une des premières personnes qu'il examinait — c'était le fils d'un des confrères les plus connus de l'autre côté de l'Océan, qui nous fit aussi l'honneur de fréquenter le laboratoire à cette époque — on voyait parfaitement la petite image se dédoubler, lorsque, en déplaçant le regard, elle arrivait près des bords de la pupille dilatée.

L'observation est très facile à répéter au moyen d'un ophtalmoscope concave ordinaire, mais l'observateur ne doit pas le placer devant son œil, pour ne pas éclairer la pupille; il doit le tenir près de la tempe de manière à regarder à côté du miroir; au besoin on peut se munir d'un verre grossissant pour observer l'image. Quand on l'a trouvé, on demande au sujet de déplacer le regard lentement vers la périphérie. On trouve ainsi dans tous les yeux un endroit où l'image s'élargit beaucoup, et on n'aura pas à chercher longtemps avant d'en trouver où elle se dédouble.

Je souhaite à *v. Pflugk* de trouver bientôt l'occasion d'examiner quelques yeux humains. Je pense que sa méthode finira par nous donner des renseignements tout à fait sûrs sur la forme du cristallin humain et ses changements accommodatifs. Mais déjà maintenant nous pouvons dire que les points essentiels de ces changements sont connus. L'évolution représentée par la figure 12 n'a pas été heureuse; il faut revenir à la première figure de *v. Helmholtz* qui correspond bien aux changements constatés aujourd'hui; elle donne bien la forme conique des surfaces et aussi la concavité de la périphérie de la surface postérieure. Des recherches ultérieures ne seront pourtant pas superflues. Il semble qu'il existe de grandes différences individuelles; il existe probablement des yeux dans lesquels le changement de forme du cristallin est bien plus prononcé. J'aurai l'occasion d'en parler en mentionnant les mensurations de *Maklakoff*.

Loin de se rapprocher de la forme sphérique, le cristallin s'en écarte donc au contraire pendant l'accommodation. Si dans ces conditions on veut maintenir la supposition que l'accommodation est due à l'élasticité du cristallin, il n'y a, à ce qui me semble, que deux voies à suivre. On peut invoquer « l'élasticité des fibres cristallinennes » : mais n'importe qui peut,

en ouvrant un cristallin mort, se convaincre que cette
élasticité n'existe pas. Ou on peut attribuer une élasticité tout à fait spéciale à la capsule. Mais, alors,
comment se fait-il que le cristallin mort ne ressemble
pas au cristallin accommodé? Et croit-on que *v. Helmholtz* aurait accepté une telle explication? Quant
à moi, il me semble qu'elle ne serait pas loin de rappeler celle que donnait le candidat. chez Molière, à
qui on demandait pourquoi l'opium fait dormir :
Quia est in eo vis dormitiva.

J'ajoute ici une liste à peu près complète des yeux dont on
a mesuré les changements accommodatifs. *Schöler* et *Mandelstamm, Adamück* et *Woinow, Reich* et *Knapp* ont travaillé avec
les méthodes de *v. Helmholtz : Besio, Maklakoff* et *moi* avec
l'ophtalmophakomètre. Avec ce dernier instrument il est
souvent difficile de mesurer les rayons de la partie centrale
des surfaces, parce que l'image cornéenne vient masquer
l'image cristallinienne à cet endroit. Cela n'a que peu d'importance pour l'œil en repos, dans lequel les surfaces cristalliniennes ne s'écartent pas beaucoup de la forme sphérique; il
n'en est pas de même pendant l'accommodation, où elles deviennent coniques. Pour avoir une idée exacte de leur forme,
il faut alors faire plusieurs mensurations, à différents endroits
et obtenir le rayon au sommet au moyen d'une courbe.
comme *Besio* l'a fait. Si on ne fait qu'une seule mensuration,
le résultat dépend absolument de l'endroit qu'on a mesuré,
surtout pour la surface antérieure. Ceci explique les rayons
que *Maklakoff* a trouvé ; ils sont souvent loin de correspondre
au degré d'accommodation employée.

Pour éviter cet inconvénient j'ai construit un nouvel appareil, en collaboration avec *M. Saunte* (fig. 14). Cet appareil permet de mesurer les rayons plus près du sommet et il est aussi très commode pour la mensuration de l'astigmatisme cristallinien. Pour éviter que l'image cornéenne se forme au milieu de la pupille nous avons placé l'objet lumineux et la

Fig. 14. — Ophtalmomètre décentré.

lunette chacun de son côté de manière à former un angle de environ 25° avec la ligne visuelle de l'observé. La fig. 15 donne le plan de l'appareil. L'œil examiné se trouve en A; K_1 est une lunette astronomique semblable à celle de l'ophtalmomètre *Javal;* elle contient un prisme biréfringent qu'on peut déplacer entre l'objectif et l'oculaire de manière à faire varier le dédoublement. — Le miroir SS réfléchit la lumière d'une lampe à arc, placée dans la direction R, vers le condensa-

teur LL. Ce condensateur est composé de deux grandes len-
tilles planconvexes; il concentre la lumière sur l'œil observé,
en A; celui-ci le voit sous la forme d'un disque circulaire uniformément éclairé. En observant l'image cornéenne de ce
disque à travers la lunette K_1, on remarque qu'elle est dé-
formée par suite de l'incidence oblique; elle a la forme non

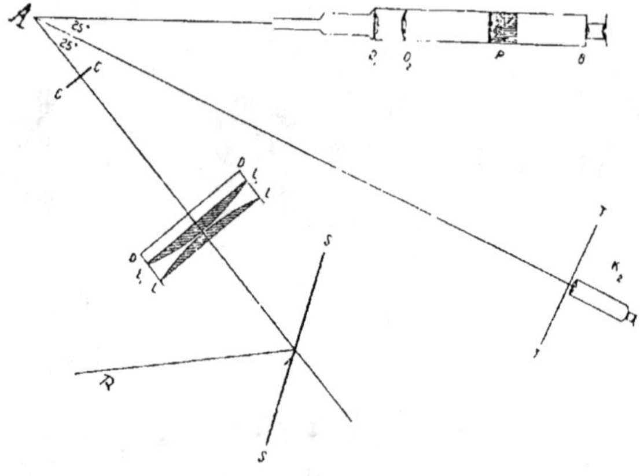

Fig. 15.

pas d'un cercle mais d'une ellipse à grand axe vertical.
Comme cette déformation fausserait les mesures, nous l'avons
corrigée au moyen d'un verre cylindrique concave, à axe ho-
rizontal placé en CC. Le verre était choisi de manière à
rendre l'image du condensateur circulaire. Devant le condensateur, en DD, était placé un carton noir, percé de trois trous,
placés ainsi ⋮. Lorsque le condensateur était éclairé le sujet
voyait donc trois petits ronds lumineux. C'était ces ronds qui
servaient d'objet. A travers la lunette K_1 l'image était vue dé-
doublée ⋮ ⋮ ; on déplaçait le prisme jusqu'à obtenir le

contact ⋮ ⋮ · ; ceci fait, on lisait le degré du dédoublement sur une échelle placée sur la lunette. On pouvait alors calculer le rayon (apparent) de la surface mesurée, au moyen de la formule ordinaire de l'ophtalmomètre.

La petite lunette K_2 servait à la détermination de l'angle α, qui est nécessaire pour pouvoir déterminer la position des surfaces. On enlevait le miroir SS, de sorte que le condensateur n'était plus éclairé ; la lumière venait alors frapper un petit miroir plan placé sur la lunette K_2, lequel la réfléchissait sur l'œil observé. La barre TT portait une marque de fixation mobile. L'observateur déplaçait cette marque, jusqu'à ce qu'il voyait l'image cornéenne du miroir sur la même verticale que l'image cristallinienne formée par la surface qu'il voulait mesurer. La ligne de centrage des deux surfaces était alors placée dans le plan vertical passant par l'axe de la lunette et la distance angulaire de la marque de fixation à l'axe de la lunette était égale à l'angle α.

Pour déterminer la *position* de la surface, c'est-à-dire sa distance à partir du sommet de la cornée, on laissa la marque de fixation à l'endroit qu'on venait de trouver, on remit le miroir SS à sa place et on remplaça le carton noir en DD par un autre, percé de deux trous, placés sur un diamètre vertical,

⋮ · L'observateur regardait à travers la grande lunette et déplaçait le prisme jusqu'à voir les images, formées par la surface cristallinienne qu'il voulait mesurer, sur la même verticale que les images cornéennes. Cette mesure permettait de déterminer la distance (apparente) de la surface mesurée jusqu'à la cornée. — C'est avec cet instrument que *M. Saunte* a fait les mensurations mentionnées p. 23, ainsi que celles qu'on lira dans la suite.

Mensurations des changements accommodatifs

OBSERVATEUR	AGE RÉFRACTION	ACCOMMODATION	RAYON S. A.	RAYON S. F.	PROF. DE LA CHAMBRE	ÉPAISSEUR DU CRIST.
v. Helmholtz... 1			11.9	5.8	4.0	3.2
			8.6	—	3.7	3.5
	diff.		3.3		0.3	0.3
2			8.8	5.1	3.6	3.6
			5.9	—	3.2	4.0
	diff.		2.9		0.4	0.4
3			10.4	5.4	3.7	3.4
			—	—	—	--
Knapp......... 1			8.3	5.4	3.6	3.9
			5.9	4.7	3.0	4.5
	diff.		2.4	0.7	0.6	0.6
2			7.9	5.5	3.7	3.8
			4.9	5.0	3.1	4.4
	diff.		3.0	0.5	0.6	0.6
3			7.9	6.9	3.4	3.8
			4.8	5.6	2.7	4.5
	diff.		3.1	1.3	0.7	0.7
4			9.1	6.5	3.5	3.6
			5.0	5.1	2.8	4.3
	diff.		4.1	1.4	0.7	0.7
Adamück et Woinow 1	E	0.5^D	9.8	6.1	4.0	3.2
		7.7	8.2	4.7	3.3	3.9
	diff	7.2	1.6	1.4	0.7	0.7
2	H. 1	1.5	10.2	6.2	3.2	4.0
		8.7	8.6	5.0	3.0	4.2
	diff.	7.2	1.6	1.2	0.2	0.2
3	M. 1.25	0	9.1	7.6	2.9	3.9
		6.5	7.3	6.4	2.5	4.3
	diff.	6.5	1.8	1.»	0.4	0.4
4	H. 2	2.5	10.5	6.5	3.6	3.6
		9.7	8.8	5.6	3.1	4.1
	diff.	7 2	1.7	0.9	0.5	0.5

Mensurations des changements accommodatifs

OBSERVATEUR	AGE RÉFRAC-TION	ACCOMMO-DATION	RAYON S. A.	RAYON S. P.	PROF. DE LA CHAMBRE	ÉPAIS-SEUR DU CRIST.
Mandelstamm et Schöler 1	M. 2.5	—	10.5 6.5	6.4 5.0	3.7 3.5	3.9 4.4
	diff.		4.0	1.4	0.2	0.5
2	H	—	10.2 6.5	6.3 5.7	3.5 3.0	3.6 3.8
	diff.		3.7	0.6	0.5	0.2
Reich.......... 1	M. 2		10.4 5.9	6.6 5.0	3.7 3.4	3.9 4.4
	diff.		4.5	1.6	0.3	0.5
2	M. 0.5		10.6 7.4	5.5 4.6	3.7 3.3	3.7 4.2
	diff.		3.2	0.9	0.4	0.5
3	M. 2		11.2 8.2	6.2 5.2	3.7 3.3	3.7 4.3
	diff.		3.0	1.0	0.4	0.6
Woinow..........			9.4 5.2	6.2 5.0	3.6 3.0	3.6 4.2
	diff.		4.2	1.2	0.6	0.6
Tscherning.......	29 ans M. 6		9.7 5.4	5.7 5.3	3.5 3.5	4.0 4.3
	diff.		4.3	0.4	0	0.3
Besio.......... 1	28 ans	0.3 D 7.0 D	10.4 6.3	6.3 5.2	3.6 3.3	3.3 3.5
	diff.	6.7 D	4.1	1.1	0.3	0.2
2	15 ans	0 D 8 D	11.3 6.6	5.2 4.3	4.0 3.6	3.0 3.6
	diff.	8 D	4.7	0.9	0.4	0.6
3	11 ans	0 D 8 D	11.5 6.6	5.6 4.5	3.9 3.5	3.1 3.6
	diff.	8 D	4.9	1.1	0.4	0.5
4	24 ans	0 D 4 D	9.6 7.0	5.1 4.3	3.9 3.6	2.9 3.4
	diff.	4 D	2.6	0.8	0.3	0.5

Mensurations des changements accommodatifs

OBSERVATEUR		AGE RÉFRAC- TION	ACCOMMO- DATION	RAYON S. A.	RAYON S. P.	PROP. DE LA CHAMBRE	ÉPAIS- SEUR DU CRIST.
Saunte........	1	16 ans E		11.9 7.1	7.0 5.0	3.8 3.4	3.5 3.9
		diff.	8 D	4.8	2.0	0.4	0.4
	2	22 ans E		10.1 6.5	5.6 4.1	3.6 3.3	3.7 4.1
		diff.	8 D	3.6	1.5	0.3	0.4
	3	27 ans E		12.1 7.2	6.4 4.7	3.9 3.7	3.4 3.7
		diff.	8 D	4.9	1.7	0.2	0.3
	4	20 ans E		9.8 5.8	5.5 4.4	3.4 3.2	3.6 3.9
		diff.	8 D	4.0	1.1	0.2	0.3
Maklakoff.......	1	17 ans H.0.75	2.0 D 10.8 D	11.2 8.1	6.0 5.3	3.8 1.8	4.0 5.8
		diff.	8.8 D	3.1	0.7	2.0	1.8
	2	16 ans H.0.75	2.0 D 7.9 D	9.0 8.2	6.5 6.0	3.7 3.1	4.1 4.8
		diff.	5.9 D	0.8	0.5	0.6	0.7
	3	17 ans H.1.0	2.2 D 9.3 D	11.6 7.4	7.5 5.8	4.5 4.0	3.5 4.0
		diff.	7.1 D	4.2	1.7	0.5	0.5
	4	16 ans H.0.75	2.0 D 11.8 D	12.0 7.3	5.6 5.4	3.9 2.7	3.9 5.2
		diff.	9.8 D	4.7	0.2	1.2	1.3
	5	16 ans H.0.25	1.5 D 10.3 D	12.7 9.0	6.9 6.3	3.4 2.8	4.2 5.3
		diff.	8.8 D	3.7	0.6	0.6	1.1
	6	16 ans E	1.2 D 10.0 D	11.0 6.9	6.3 5.6	3.9 3.2	3.7 4.6
		diff.	8.8 D	4.1	0.7	0.7	0.9
	7	15 ans E	1.2 D 10.0 D	12.0 7.6	6.5 6.0	4.2 3.9	3.4 4.5
		diff.	8.8 D	4.4	0.5	0.3	1.1

Mensurations des changements accommodatifs

OBSERVATEUR		AGE RÉFRAC-TION	ACCOMMO-DATION	RAYON S. A.	RAYON S. P.	PROF. DE LA CHAMBRE	ÉPAIS-SEUR DU CRIST.
Maklakoff	8	26 ans H. 1.0	2.2 D 8.1 D	10.0 9.3	6.0 5.5	2.2 1.7	5.6 6.2
		diff.	5.9 D	0.7	0.5	0.5	0.6
	9	26 ans M. 1.5	o D 5.2 D	10.3 7.3	7.4 6.9	3.4 2.8	4.4 5.0
		diff.	5.2 D	3.0	0.5	0.6	0.6
	10	14 ans H. 2.0	8.2 D 12.0 D	9.5 8.8	6.5 5.8	3.2 3.0	4.6 4.8
		diff.	3.8 D	0.7	0.7	0.2	0.2
	11	14 ans H. 2.0	3.2 12.0	11.1 9.6	5.0 4.0	2.7 2.4	4.9 5.2
		diff.	8.8	1.5	1.0	0.3	0.3
	12	43 ans H. 1.5	2.7 4.0	10.8 10.0	6.1 5.4	2.9 2.8	4.8 5.2
		diff.	1.3	0.2	0.7	0.1	0.4
	13	43 ans H. 1.25	2.5 D 4.1 D	12.5 10.0	5.9 4.0	2.5 1.7	5.2 6.5
		diff.	1.6	2.5	1.9	0.8	1.3
	14	30 ans H. 0.5	1.7 D 10.5 D	11.1 7.7	6.8 5.7	3.6 3.1	4.5 4.7
		diff.	8.8 D	3.4	1.1	0.5	0.2
	15	30 ans H. 0.5	1.7 D 8.8 D	10.4 9.7	6.8 5.4	3.8 2.9	3.9 5.0
		diff.	7.1 D	0.7	1.4	0.9	1.1
	16	16 ans H.0.25	1.5 D 10.3 D	10.0 8.1	6.5 5.4	4.0 3.3	3.3 4.4
		diff.	8.8 D	1.9	1.1	0.7	1.1
	17	28 ans E	1.2 D 7.1 D	9.6 8.1		3.5 2.8	4.0 4.7
		diff.	5.9 D	1.5		0.7	0.7
	18	28 ans E	1.2 D 10.0 D	10.1 8.9		3.8 2.3	3.7 5.2
		diff.	8.8 D	1.2		1.7	1.5

Mensurations des changements accommodatifs

OBSERVATEUR		AGE RÉFRAC-TION	ACCOMMO-DATION	RAYON S. A.	RAYON S. P.	PROF. DE LA CHAMBRE	ÉPAIS-SEUR DU CRIST.
Maklakoff	19	20 ans	2.5 D	10.1	6.0	3.5	3.4
		H.1.25D	11.3 D	8.1	4.9	2.2	4.9
		diff.	8.8 D	2.0	1.1	1.3	1.5
	20	20 ans	1.2	9.6	5.6	4.3	4.1
		H.1.25	10.0	7.1	3.4	2.2	5.5
		diff.	8.8 D	2.5	2.2	2.1	1.4
	21	14 ans	1.2	11.2	6.4	4.3	3.5
		E	10.0	8.4	6.0	2.2	5.9
		diff.	8.8	2.8	0.4	2.1	2.4
	22	14 ans	1.2	11.5	6.4	3.5	3.8
		E	10.0	9.4	6.0	2.4	5.4
		diff.	8.8	2.1	0.4	1.1	1.6
	23	17 ans	1.7	11.8	5.5	4.1	3.1
		H. 0.5	7.6	9.8	5.2	2.2	4.3
		diff.	5.9 D	2.0	0.3	2.0	1.2
	24	17 ans	1.7 D	11.9	5.4	4.1	3.1
		H. 0.5	10.5 D	8.7	4.7	2.2	5.1
		diff.	8.8 D	3.2	0.7	2.0	2.0
	25	18 ans	0.5 D	12.8	6.5	4.6	3.0
		M.0.75	9.3 D	8.4	6.0	3.5	4.2
		diff.	8.8 D	4.4	0.5	1.1	1.2
	26	18 ans	0.5 D	11.5		5.1	
		M.0.75	9.3 D	8.6		3.1	
		diff.	8.8 D	2.9		2.0	
	27	26 ans	1.7 D	10.7	6.6	3.5	3.6
		H. 0.5	10.5 D	9.4	5.7	1.9	5.3
		diff.	8.8 D	1.3	0.9	1.6	1.7
	28	22 ans	1.2 D	10.8	6.9	3.8	4.0
		E	10.0 D	8.0	5.4	2.3	4.2
		diff.	8.8 D	2.8	1.5	1.5	0.2
	29	16 ans	2.5 D	9.9	5.8	3.5	4.1
		H.1.25	11.3 D	7.6	5.5	2.4	5.3
		diff.	8.8 D	2.3	0.3	1.1	1.2

Mensurations des changements accommodatifs

OBSERVATEUR		AGE RÉFRACTION	ACCOMMODATION	RAYON S. A.	RAY. S. P.	PROF. DE LA CHAMBRE	ÉPAISSEUR DU CRIST
Maklakoff	30	15 ans	1.2	12.5	6.3	3.3	4.2
		E	10.0	9.3	5.6	2.6	4.8
		diff.	8.8 D	3.2	0.7	0.7	0.6
	31	15 ans	1.0 D	11.2	5.2	3.8	3.5
		M. 0.25	9.8 D	10.7	5.0	2.2	5.1
		diff.	8.8 D	0.5	0.2	1.6	1.6
	32	29 ans	1.7 D	11.9	6.0	3.8	3.9
		H. 0.5	10.5 D	9.3	5.7	2.6	4.5
		diff.	8.8 D	2.6	0.3	1.2	0.6
	33	24 ans	2.2 D	11.7	4.9	4.1	3.2
		H. 1.0	11.0 D	10.4	3.2	3.5	4.4
		diff.	8.8 D	1.3	1.7	0.6	1.2
	34	27 ans	0 D	11.5	6.9	4.0	3.9
		M. 7.0	3 D	10.4	5.2	3.4	4.4
		diff.	3 D	1.1	1.7	0.6	0.5
	35	21 ans	2.0 D	8.8	5.5	3.8	3.5
		H. 0.75	4.3 D	8.4	4.8	3.2	4.1
		diff.	2.3 D	0.4	0.7	0.6	0.6
	36	21 ans	2.5 D	9.4	5.2	3.0	4.5
		H. 1.25	7.9 D	9.0	5.0	2.7	5.2
		diff.	5.4 D	0.4	0.2	0.3	0.7
	37	21 ans	2.5 D	12.3	6.1	3.2	3.9
		H. 1.25	7.9 D	8.9	5.0	2.5	4.6
		diff.	5.4 D	3.4	1.1	0.7	0.7
	38	21 ans	3.0 D	11.5	5.7	3.1	3.5
		H. 1.75	11.8 D	8.0	4.6	2.7	4.6
		diff.	8.8 D	3.5	1.1	0.4	1.1
	39	24 ans	1.2	12.7	7.2	4.1	3.5
		E	6.7	9.8	6.2	2.9	5.1
		diff.	5.5	2.9	1.0	1.2	1.6
	40	24 ans	1.2	11.2	6.6	4.0	3.8
		E	10.0	9.8	6.2	2.5	5.3
		diff.	8.8	1.4	0.4	1.5	1.5

Les mensurations de M. *Maklakoff* me semblent très impor-
tantes. C'est la première fois qu'on a mesuré un nombre de
personnes assez grand pour pouvoir se rendre compte de
l'importance des variations individuelles et les résultats sont
sous plusieurs points de vue assez inattendus. Avant de les
exposer je tiens à faire quelques réserves. Les mensurations
ont été faites à Moscou et non pas à Paris, de sorte que je
n'ai eu aucun moyen de contrôle direct. D'autre part, il n'y a
pas de doute que M. *Maklakoff* est tout à fait maître de la question et les mensurations ont été faites avec beaucoup de soins.
Enfin, le caractère inattendu même des résultats fournissent
une sorte de garantie de leur exactitude. Lorsqu'on trouve un
fait auquel on s'attend, l'observation peut souvent être dou-
teuse, mais si quelqu'un relate un fait auquel on ne s'attendait
pas et qu'on ne comprend pas, on peut le plus souvent être
sûr que l'observation est juste.

Parmi les sujets de *Maklakoff* il y en a 24 qui ont tous accommodé de 8.8 D. et 8 dont l'accommodation mesurée était
entre 5 et 6 D. Nous avons donc ainsi deux séries de personnes
ayant toutes accommodé autant les unes que les autres. De l'é-
tude de ces séries il résulte une loi qui semble générale, à
savoir que *l'augmentation de l'épaisseur du cristallin pendant
l'accommodation est en raison inverse de son épaisseur en repos.*
Plus le cristallin est mince, plus l'épaisseur augmente pendant
l'accommodation. Sur la table suivante j'ai rangé les cristallins
des deux séries suivant l'épaisseur en état de repos.

Série I

Accommodation 8.8 D

N°	ÉPAIS-SEUR	AUGMEN-TATION	N°	ÉPAIS-SEUR	AUGMEN-TATION
	mm	mm		mm	mm
25	3.0	1.2	22	3.8	1.6
24	3.1	2.0	40	3.8	1.5
33	3.2	1.2	32	3.9	0.6
16	3.3	1.1	1	4.0	1.8
19	3.4	1.5	28	4.0	0.2
7	3.4	1.1	29	4.1	1.2
21	3.5	2.4	20	4.1	1.4
31	3.5	1.6	30	4.2	0.6
38	3.5	1.1	5	4.2	1.1
27	3.6	1.7	14	4.5	0.2
6	3.7	0.9	10	4.6	0.2
18	3.7	1.5	11	4.9	0.3

Série II

Acc. 5.6 D

N°	ÉPAIS-SEUR	AUGMEN-TATION
	mm	mm
23	3.5	1.2
39	3.5	1.6
37	3.9	0.7
17	4.0	0.7
2	4.1	0.7
9	4.4	0.6
36	4.5	0.7
8	5.6	0.6

On y voit bien la règle que je viens d'établir. On la voit
encore mieux, si on prend les moyennes :

Série I

Accommodation 8.8 D

ÉPAISSEUR	AUGMEN-TATION	ÉPAISSEUR	AUGMEN-TATION
mm mm	mm	mm mm	mm
3.0 — 3.1	1.60	4.0 — 4.1	1.15
3.2 — 3.3	1.15	4.2 — 4.3	0.85
3.4 — 3.5	1.54	4.4 — 4.5	0.20
3.6 — 3.7	1.37	4.6 — 4.7	0.20
3.8 — 3.9	1.23	4.8 — 4.9	0.30

Il existe aussi une relation entre l'épaisseur du cristallin en
repos et la profondeur de la chambre, celle-ci étant d'autant
plus profonde que le cristallin est mince. On pourrait donc
se demander si le degré de l'augmentation d'épaisseur ne

dépend pas de la profondeur de la chambre. Mais la relation
en question est beaucoup moins prononcée que celle entre
l'augmentation et l'épaisseur en repos.

Il y a une autre particularité très frappante dans les résultats de *Maklakoff*, ce sont les valeurs très élevées qu'il a trouvées pour l'augmentation de l'épaisseur. Les chiffres qu'il a
trouvés à l'état de repos concordent fort bien avec ceux des
autres observateurs, mais l'augmentation de l'épaisseur pendant l'accommodation est souvent énorme. Des 24 yeux qui forment la série 1 il n'y en a que 7 dans lesquels l'augmentation
n'atteint pas un millimètre ; et il y en a plusieurs où l'augmentation atteint plus de la moitié de l'épaisseur en repos. La
surface postérieure reculait un peu dans certains cas, dans
d'autres elle restait à peu près à sa place, et, dans quelques cas
exceptionnels, elle avançait un peu ; mais le changement
d'épaisseur était surtout dû à l'avancement de la surface antérieure, qui quelquefois atteignait des degrés vraiment éton-
nants. Il était

dans 4 cas	de 2 ^{mm} ou plus.
5 cas	de 1,5 ^{mm} — 1,9 ^{mm}
5 cas	de 1,0 ^{mm} — 1,4 ^{mm}
6 cas	de 0,5 ^{mm} — 0,9 ^{mm}
4 cas	de 0,5 ^{mm} ou moins.

Les quatre yeux dans lesquels l'avancement de la surface
antérieure atteignit 2 millimètres ou plus sont les numéros
1, 24, 20 et 21, pour lesquels la table donne comme profondeur de la chambre :

Numéros	1	24	20	21
Repos	3 ^{mm} 8	4 ^{mm} 1	4 ^{mm} 3	4 ^{mm} 3
Accomm.	1 ^{mm} 8	2 ^{mm} 1	2 ^{mm} 2	2 ^{mm} 2
Avanc.	2 ^{mm} 0	2 ^{mm} 0	2 ^{mm} 1	2 ^{mm} 1

Ce que nous désignons, dans les mensurations ophtalmo-métriques, par profondeur de la chambre est la distance de la surface antérieure de la cornée à la surface antérieure du cristallin. Si on met l'épaisseur de la cornée à 1 millimètre il en résulte que dans les cas extrêmes la surface antérieure du cristallin s'avancerait de manière à n'être séparée de la surface postérieure de la cornée que par une distance d'environ 1 millimètre.

Il est évident que toute la surface ne peut pas avancer autant

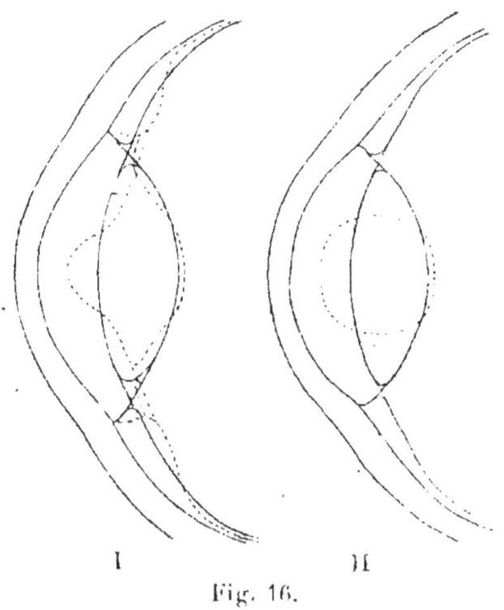

Fig. 16.

Le volume de la chambre antérieure doit rester approximative-ment le même, puisque le liquide qu'il contient ne peut pas s'échapper, et quoi qu'on gagne un peu de place vers les bords par suite du recul de la paroi postérieure près de l'angle irien, on peut, lorsqu'il s'agit de changements aussi con-sidérables, affirmer qu'une partie de la surface antérieure ne peut pas avancer sans qu'une autre partie recule[1]. Il semble donc que pour ces cas-là, *Cramer* doit avoir eu raison lorsqu'il supposait que la surface antérieure du cristallin faisait saillie à travers la pupille. J'ai dessiné la fig. 16, I. dont les dimensions correspondent à celles du n° 19, dans cette supposition.

Les confrères, qui ont assisté aux séances de la Société française d'ophtalmologie de l'année dernière, se rappelleront les magnifiques photographies que *v. Pflugk* est venu nous montrer; c'étaient des photographies de sections de l'œil de la tortue en état de repos et pendant l'accommodation (fig. 17).

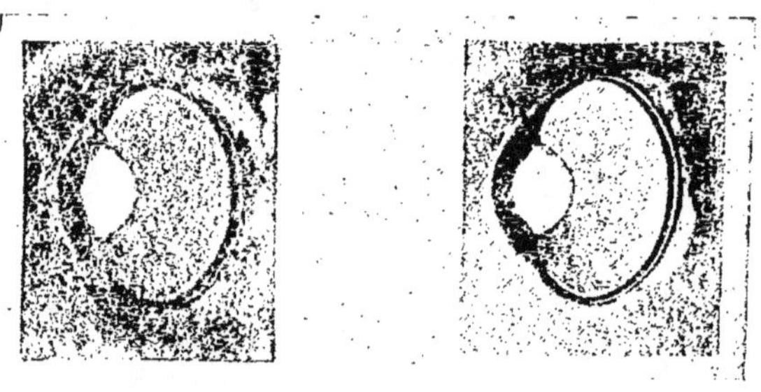

I   II

Fig. 17. — Œil de la tortue. — I. Repos. — II. Accommodation.
D'après *v. Pflugk.*

On remarque qu'il n'y a pas grande différence entre les photographies de *v. Pflugk* et mon dessin; dans les deux cas la partie pupillaire de la surface antérieure prend une forme conique, et la périphérie de la surface postérieure se creuse. Il est vraiment remarquable que le travail de *Maklakoff* sur l'œil humain conduit à des résultats presque identiques à ce que *v. Pflugk* a trouvé chez la tortue.

1. Comme le cristallin ne peut pas non plus changer de volume, il en est de même pour la surface postérieure. Il en résulte que dans les cas où la partie centrale de cette surface recule, la périphérie doit se creuser.

D'après la célèbre observation de *v. Graefe* on a en général admis que l'iris ne joue aucun rôle pour l'accommodation et l'observation de *Grossmann* montre aussi qu'on peut accommoder sans iris. Mais cela ne prouve pas que l'iris ne puisse pas avoir une influence sur la forme du cristallin accommodé. Ainsi, je pense que l'œil n° 19, dont les mesures correspondent à ma figure, aurait bien pu accommoder sans iris, mais la forme du cristallin aurait été autre ; la surface antérieure en entier aurait pris une forme conique et la protrusion aurait été beaucoup moins prononcée. — D'après mon dessin la courbure serait très prononcée au sommet de la protrusion. On pourrait aussi se figurer celle-ci plus aplatie au sommet, mais je crois qu'il y a des yeux dans lesquels un tel excès de courbure existe réellement. C'est ainsi que les figures du cercle de diffusion de l'œil accommodé du Dr de Lieto Vollaro (fig. 5 B et 6 B) montrent au centre une tache noire qui ne peut guère s'expliquer autrement.

J'ai essayé de dessiner le changement du même œil dans la supposition que les partisans de *v. Helmholtz* aient raison (fig. 16, II). La forme du cristallin accommodé serait presque sphérique et la diminution du diamètre du cristallin énorme. Mais j'ai dû renoncer à finir ma figure ; je ne sais pas comment ils se figureraient le changement du corps ciliaire qui devrait produire une telle diminution du diamètre.

Telles sont les conclusions qu'il me semble qu'on peut tirer du travail de M. Maklakoff. Je dois ajouter qu'elles ont été publiées, il y a six ans ; j'ai à cette époque travaillé longtemps avec elles ; j'ai fini par les mettre de côté, parce que je ne les comprenais pas. Si je crois avoir été plus heureux maintenant, c'est que les travaux de *v. Pflugk* sont venus me montrer le chemin.

III

Le « fil rouge » dans la littérature sur l'accommodation. — Raisonnement probable de *v. Helmholtz*. — Ses deux erreurs anatomiques. — Une observation à faire. — L'appareil accommodateur
de l'œil. — Le corps vitré est un tissu et non un liquide. — Le
cristallin y est enchâssé « comme un diamant dans son chaton ».
— Adhérence intime entre le corps vitré, la zonule et le corps ciliaire. — Le mécanisme de l'accommodation. — Les recherches
de *Hensen* et *Voelckers*. — Les idées de *Cramer*.

On dit qu'il y a dans toute corde qui appartient à
la marine britannique un fil rouge qui indique qu'elle
est la propriété de la Couronne. On retrouve ce fil,
souvent bien caché, aussi bien dans le cuirassé le plus
formidable que dans la plus modeste chaloupe de la
flotte. De la même manière l'idée de considérer le
corps vitré comme une sorte de liquide se retrouve
partout dans la littérature sur l'accommodation. aussi
bien dans le mémoire immortel de *v. Helmholtz* que
dans la moindre petite note sur le tremblement du
cristallin sous l'influence de l'ésérine. Elle est souvent bien cachée, on ne l'exprime pas nettement,
mais elle y est tout de même.

Autant claires, nettes et précises les expressions
de *v. Helmholtz* sont dans la première partie de son
mémoire, autant elles deviennent vagues aussitôt

qu'il commence à parler du mécanisme de l'accommodation. Pour cette raison, il est difficile de recons-
truire son raisonnement. Je l'essaierai pourtant, quitte
à le remplacer par un autre si quelqu'un peut en trouver un meilleur. Je suppose donc que *v. Helmholtz* se
soit tenu le propos suivant : « En avant du cristallin,
« il y a l'humeur aqueuse ; en arrière, le corps vitré ;
« ils sont tous les deux liquides et ne peuvent par
« conséquent agir sur le cristallin. Il ne reste que la
« zonule. Or, *Bruecke* vient de découvrir, dans le
« corps ciliaire, un muscle à fibres lisses qu'il dési-
« gne sous le nom de tenseur de la choroïde. Je crois
« qu'il a raison, l'action principale de ce muscle doit
« être de tirer la choroïde en avant (en dedans). Il
« est pourtant possible qu'en même temps son inser-
« tion près du canal de *Schlemm* recule un peu,
« comme *Donders* le veut. Il semble que l'insertion
« de la zonule se trouve à l'extrémité postérieure du
« corps ciliaire. Une contraction du muscle doit donc
« avoir pour effet de la relâcher.

« Or, si on se figure que le cristallin est maintenu
« aplati par une traction exercée par la zonule, il
« pourrait se bomber par suite de la contraction de
« ce muscle. Cette idée se confirme si je compare les
« courbures du cristallin que j'ai trouvées dans l'œil
« accommodé avec les mensurations de *Pourfour du*
« *Petit*, et ce doit être pour la même raison que j'ai
« trouvé le cristallin mort plus épais que le cristallin
« vivant en état de repos. » Mais comment a-t-il cru
pouvoir concilier ses propres mensurations de la

courbure du cristallin mort avec son hypothèse? Là-
dessus je ne pourrais donner aucune explication.

Il y a dans ce raisonnement deux erreurs anatomiques. C'est d'abord la supposition que la zonule s'in-
sère près de l'extrémité postérieure du corps ciliaire :
« La zonule peut se détendre par l'action du tenseur
« de la choroïde, puisque ce muscle fait avancer l'ex-
« trémité postérieure du corps ciliaire à laquelle la
« zonule adhère » (p. 71 du mémoire). Il est vrai qu'il
y a à cet endroit une adhérence intime, mais *c. Helmholtz* semble s'être figuré que les fibres zonulaires sont
libres à partir de cet endroit jusqu'au cristallin, de
sorte qu'elles puissent glisser sur le corps ciliaire.
Cette idée n'est pas juste. Aussitôt arrivées au corps
ciliaire, les fibres s'y soudent près du bord antéro-
interne[1]. C'est à cet endroit que se trouve l'insertion,
de sorte que la contraction du muscle doit avoir pour
effet de tendre la zonule, par suite du recul de l'extrémité antérieure.

L'autre erreur que *c. Helmholtz* commettait était de
considérer le corps vitré comme une sorte de liquide :
« Le milieu du cristallin ne touche pas à d'autres par-
« ties solides ; seule la pression hydrostatique des
« liquides environnants peut agir sur lui » (p. 71) et

---

1. *Arnold* et *Iwanoff* dans *Groefe Saemisch Handb.* I, p. 306 : « Der glatte
sowohl als der gefaltete Theil [der Zonula] stehen mit der Pars ciliaris reti-
nae in inniger Verbindung, nur der von den Spitzen der Ciliarfortsatze
zu der vorderen Linsenkapsel sich erstreckende Abschnitt ist vollkommen
frei. » — *Schwalbe :* Der groessere Theil der Zonula von der Ora serrata
bis zur Spitze der Ciliarfortsätze ist mit dem Ciliarkörper in eigenthümlicher
Weise verwachsen (*Lehrbuch der Anatomie der Sinnesorgane*, 1887, p. 141).

à différents autres endroits. Il y a d'autant moins lieu
à s'étonner que c. *Helmholtz* ait commis cette erreur,
que j'ose affirmer qu'il y a très peu de personnes qui
ont des idées justes sur la consistance du corps vitré.
La raison en est double. La plupart des oculistes connaissent surtout le corps vitré pour l'avoir vu à l'occasion de l'opération de la cataracte. Lorsqu'on le voit
dans ces conditions, il n'est jamais dans son état normal, soit qu'il est liquéfié par suite d'altérations patho-
logiques (ou séniles), soit qu'il est broyé par suite de
son passage à travers la plaie. D'autre part, le corps
vitré commence à devenir liquide très peu de temps
après la mort, par suite d'altérations cadavériques.
Pour avoir une idée exacte de sa consistance, il faut
se procurer un œil tout à fait frais d'un animal jeune,
et encore ne faut-il pas le couper en deux pour ne
pas blesser le corps vitré. Le mieux est de procéder
de la manière suivante.

Après avoir fait une incision comme pour une opération de cataracte, on enlève la cornée à coups de
ciseaux. On incise l'iris et on l'arrache au moyen
d'une pincette. Au besoin on fait quelques incisions
radiaires dans la sclérotique, en passant l'une des
branches d'une paire de ciseaux entre la sclérotique
et le corps ciliaire. Si alors on exerce une légère
pression, le corps vitré sort avec le cristallin en une
seule pièce; on ne peut pas les séparer sans déchirer
le corps vitré. Autour du cristallin on voit la zonule
adhérente au corps vitré. Sur sa surface on aperçoit
de nombreux débris pigmentaires, signe de l'adhé-

rence intime qui existe entre le corps vitré et les membranes de l'œil. Par-ci par-là on trouve toute la couche pigmentaire sur la zonule. Dans l'eau le corps vitré garde bien sa forme sphérique, dans l'air il s'aplatit sous l'influence de la gravité, mais il ne s'écoule pas. En le tâtant on constate que sa consistance n'est pas bien inférieure à celle qu'offre un œil jeune, lorsqu'on essaie de juger sa tension. En en prenant une partie entre les doigts on sent, en le comprimant, une résistance assez prononcée. Si on augmente la pression on broye le vitré et un instant après il ne reste presque plus rien. La plus grande partie s'est écoulée sous forme de liquide en ne laissant qu'un peu de substance mucilagineuse entre les doigts. C'est quelque chose d'analogue qui arrive le plus souvent lorsqu'on a une perte de corps vitré à l'occasion de l'opération de la cataracte.

Le cristallin, le vitré et la zonule forment donc un seul bloc, dont l'ensemble représente l'appareil accommodateur de l'œil. On ne peut pas toucher à un de ces organes sans déranger les autres. Si dans le premier chapitre j'ai parlé de la *vraie forme* du cristallin, la forme qu'il prendrait abandonné à lui-même, c'est en réalité une fiction au moins tant qu'il s'agit d'un œil jeune. On ne peut pas le séparer du corps vitré sans le mettre dans des conditions tout à fait anormales. Pour la même raison on ne peut tirer aucune conclusion quant à l'accommodation des changements que présente le cristallin, lorsqu'on coupe la zonule.

L'observation que je viens de décrire sera suffisamment probante à ceux qui la répéteront. Pour ceux qui ne le feront pas j'ajoute les deux citations suivantes. L'une est la belle description du cristallin avec laquelle commence le mémoire de *Petit*, description qu'on cite souvent.

« Le cristallin est une partie transparente de l'œil,
« de figure lenticulaire, d'une substance molle, mu-
« cilagineuse, mais assez ferme pour se contenir
« dans ses propres bornes, enchâssé dans la partie
« antérieure de l'humeur vitrée comme un diamant
« dans son chaton, dans laquelle il est retenu par
« une membrane qui l'enveloppe entièrement et pour
« cela est appelée la capsule du cristallin. »

L'autre anatomiste que je citerai est *Merkel*; je lui emprunte les phrases suivantes, prises dans son *Anatomie macroscopique de l'œil* (*Graefe-Saemisch Handbuch*, I).

« A l'état absolument frais, la consistance du corps
« vitré est nettement gélatineuse[1]. En le sectionnant
« il ne sort que très peu de liquide. Ce n'est que par
« suite d'altérations cadavériques que sa substance
« devient de plus en plus liquide. Il est vrai que
« ces altérations s'accusent de très bonne heure »
(p. 39).

« Dans le segment antérieur de l'œil toutes ses
« parties constituantes adhèrent entre elles » (p. 36).

---

1. J'ai rendu le mot allemand *gallertartig* par gélatineux. Le mot *colloïdal* conviendrait peut-être mieux à la consistance spéciale du corps vitré.

« La capsule postérieure est si intimement unie au
« corps vitré qu'il est impossible de l'en séparer dans
« un œil tout à fait frais. Il faut une macération pour
« séparer le cristallin du corps vitré » (p. 38).

« L'adhérence intime du corps vitré à la surface
« postérieure du cristallin, dans toute son étendue, a
« déjà été signalée par différents observateurs »
(p. 40).

« Le corps vitré adhère si intimement à la surface
« postérieure du cristallin qu'on ne peut pas les sépa-
« rer. Dans un œil humain tout à fait frais on ne peut
« pas (non plus) séparer le corps vitré de la limitante
« interne de la rétine. Le corps vitré pénètre si loin
« entre les éléments de la zonule qu'une partie des
« fibres de celle-ci semble complètement entourées
« de sa substance » (p. 40).

« [In ganz frischen Zustand ist die Consistenz des
« Glaskörpers eine rein gallertartige, und es fliesst
« beim Durchschneiden sehr wenig tropfbare Flüs-
« sigkeit ab. Erst durch Leichenveränderung, die
« freilich sehr früh eintritt, verflüssigt sich seine
« Substanz mehr und mehr » (p. 39).

« Im vorderen Segment des Augapfels sind alle
« seine einzelne Theile verwachsen » (p. 36).

« Letzterer [der hintere Kapsel] liegt der Glaskoer-
« per so innig an, dass an ganz frischen Augen eine
« Trennung an dieser Stelle nicht möglich ist, son-
« dern erst eine Maceration nöthig wird um Glas-
« körper und Linse von einander zu lösen » (p. 38).

« Das bereits von mehreren Seiten beobachtete

« feste Adhäriren des Glaskörpers an der ganzen
« Ausdehnung der hinteren Linzenfläche » (p. 40).

« So hängt er [der Glaskörper], wie eben schon
« erwähnt, untrennbar mit der hinteren Linsenfläche
« zusammen ; seine Zusammenhang mit der Limitans
« interna der Retina kann in vollkommen frischen
« Zustand beim Menschen niemals gelöst werden,
« und zwischen die Elemente der Zonula erstreckt
« er sich so weit hinein dass ein Theil ihrer Fasern
« von Glaskörpersubstanz vollkommen umschlossen
« erscheint » (p. 40).

Je demanderai maintenant un petit effort à mes
lecteurs. C'est d'attribuer à la contraction du muscle
ciliaire le même effet que *c. Helmholtz* admettait, tout
en corrigeant ses erreurs anatomiques [1]. Qu'est-ce qui
arrivera ? Le petit recul de l'extrémité antérieure du
muscle, ou peut-être plutôt du bord antéro-interne,
doit nécessairement tendre les fibres de la zonule qui
vont à la surface antérieure du cristallin. D'autre part
la partie postérieure du corps ciliaire et la choroïde
qui sont tirées en avant, doivent entrainer les parties
périphériques du corps vitré vers la surface postérieure du cristallin. Et je ne vois pas que le résultat
de ces deux actions puisse être autre chose qu'une
compression des parties périphériques du cristallin.
Mais si ces parties sont aplaties par la compression,

---

1. A cette époque on ne connaissait pas encore les fibres radiaires qui
finissent à la surface interne du corps ciliaire. A cause de l'adhérence
intime du corps vitré, ces fibres agissent presque comme si elles s'insé-
raient directement sur celui-ci.

je ne vois pas comment la partie centrale puisse faire autrement que d'augmenter d'épaisseur et de courbure. Et parce que ces changements sont justement ceux que nous observons, lorsque l'œil s'accommode pour des petites distances, je suppose que le mécanisme de l'accommodation est tel que je viens de le décrire ou quelque chose d'approchant.

En 1894, j'énonçais mes idées sur l'accommodation de la manière suivante : « *Nous attribuons l'accommodation à un changement de forme des surfaces cristalliniennes produit par une traction sur la zonule que le feuillet profond du muscle ciliaire exerce en se contractant. Le feuillet superficiel du muscle exerce par sa contraction une traction sur la choroïde, qui soutient le corps vitré, et empêche ainsi le cristallin de reculer par suite de la traction exercée sur la zonule.* » (*Arch. de phys.*, janv. 1894.) En lisant cette phrase on pourrait peut-être dire que mes idées n'ont pas beaucoup changé. Elles ont changé cependant. C'est surtout l'action sur le corps vitré qui me semble tout autre. Je ne m'étais pas encore assez émancipé des idées de *v. Helmholtz*, j'inclinais encore à considérer le corps vitré comme plus ou moins liquide. Ce n'est que plus tard que j'arrivai à me former des idées justes sur cette partie de l'anatomie de l'œil (v. *Ann. d'oc.*, mars 1904.

Le facteur essentiel de l'accommodation est certainement l'action du muscle sur le corps vitré. Il n'en « soutient » pas les parties périphériques, il les tire en avant (en dedans) en les poussant contre les parties périphériques de la surface postérieure ; celles-ci cèdent à la pression en s'aplatissant ou deviennent même concaves ; en même temps les fibres de la zonule qui vont à la surface antérieure se tendent et la déformation du cristallin se comprend aisément.

Il est à remarquer qu'il n'y a rien d'hypothétique dans les facteurs que j'ai invoqués. Personne n'ignore le joli travail de *Hensen* et *Voelckers* (*Experimentaluntersuchung über den Mechanismus der Accommodation*. Kiel, 1868). Ce travail fait maintenant une impression curieuse. Les auteurs croyaient en l'hypothèse de *v. Helmholtz* et leurs raisonnements sont tout le temps inspirés par elle. Mais ils ont si bien travaillé que leurs observations n'en ont nullement souffert, et si on veut prendre la peine de relire le travail, on verra qu'ils ont prouvé l'existence de tous les facteurs que j'invoque. Tout le monde connaît la jolie expérience par laquelle ils démontrèrent l'avancement de la choroïde : après avoir enfoncé une épingle à travers les membranes de l'œil, près de l'équateur, ils tétanisèrent le ganglion ciliaire ; chaque fois l'extrémité libre de l'aiguille se déplaçait vivement en arrière, indiquant ainsi que la partie située dans l'intérieur de l'œil était tirée en avant. — A travers une petite fenêtre pratiquée dans les membranes de l'œil et couverte d'une plaque de verre mince *ils virent les vaisseaux rétiniens se déplacer en avant, sous l'influence de la tétanisation.* — Ils enlevèrent la cornée et le cristallin à un œil ; à chaque tétanisation on voyait le corps vitré se bomber

dans la fosse patellaire pour se retirer aussitôt que
l'action cessa. — Ils coupèrent un œil en deux, suivant l'axe ; par suite de la tétanisation, on voyait la
partie du vitré, située près du cristallin se bomber
tandis que la partie postérieure s'affaissait. — Comment nier, après toutes ces observations que le corps
vitré soit tiré en avant pendant l'accommodation?

Et pour l'autre action : chaque tétanisation produi-
sait très nettement les phénomènes qu'on observe
aussi chez l'homme — ils travaillèrent avec des
chiens : — La pupille se contractait jusqu'à la gran-
deur d'une tête d'épingle, la partie centrale de l'iris
s'avançait, tandis que la périphérie reculait. — Dans
un œil coupé en deux suivant l'axe on voyait la cornée devenir concave *(nach innen gebuchtet)* à l'endroit de l'insertion. — Si on enlevait la cornée en
en laissant un bord étroit, celui-ci était tiré en dedans
par l'action du muscle, etc. — Je mentionne encore
une de leurs expériences parce que j'aurai à y revenir. Ils avaient fait une fenêtre dans la sclérotique de
manière à découvrir le muscle ciliaire et une partie
de la choroïde; le muscle était reconnaissable par sa
couleur blanchâtre. Par suite de la tétanisation ils
virent le muscle se retirer de la sclérotique, en
même temps que la partie libre de la choroïde se
bombait « *Wenn jetz die Ciliarnerven gereitz werden
so sinkt der Maskel ein, während gleichzeitig der
freigelegte Theil der Choroidea sich vorwölbt.* »

Je suppose qu'on pourrait maintenant me faire
l'objection suivante : Il n'y a pas de doute, d'après

la direction des fibres du muscle, et d'après les expériences de *Hensen* et *Voelckers* que la contraction
du muscle doit avoir pour effet de tirer la choroïde
en avant. Comme la choroïde adhère à la rétine, et **la**
rétine au corps vitré, nous comprenons aussi que
celui-ci est tiré en avant. Si le corps vitré avait été
un liquide, l'effet de la contraction aurait dû être un
aplatissement de la surface postérieure du cristallin.
Mais comme le vitré n'est pas un liquide, mais un
corps qui a de la consistance, nous comprenons que
l'effet doit se borner à sa partie périphérique. Tirée
en avant cette partie exerce une pression sur la partie périphérique de la surface postérieure du cristallin,
de manière à l'aplatir ou la rendre concave, ce qui
fait que la partie centrale de cette surface se bombe.
Mais ce que nous comprenons moins bien, c'est l'action sur la surface antérieure. Il nous semble que la
tension de la zonule doit plutôt avoir pour effet de
l'aplatir.

À ceux qui me feraient une telle objection je con-
seillerais de reprendre l'observation du premier chapitre. On se rappelle que nous avions enlevé la cornée et l'iris à un œil jeune, que nous avions trouvé
la surface antérieure du cristallin plutôt aplatie et que
nous n'avions pu obtenir un changement qui correspondait à une accommodation de quelque importance en agissant sur la zonule seule. Qu'on passe
maintenant l'aiguille d'une seringue de *Pravaz* à
travers la sclérotique et qu'on fasse une injection
dans le corps vitré. Qu'est-ce qui arrivera? Il arrivera

ceci que le corps vitré pousse le cristallin un peu en avant, la zonule se tend, et la courbure de la surface antérieure augmente tant qu'on veut. L'observation

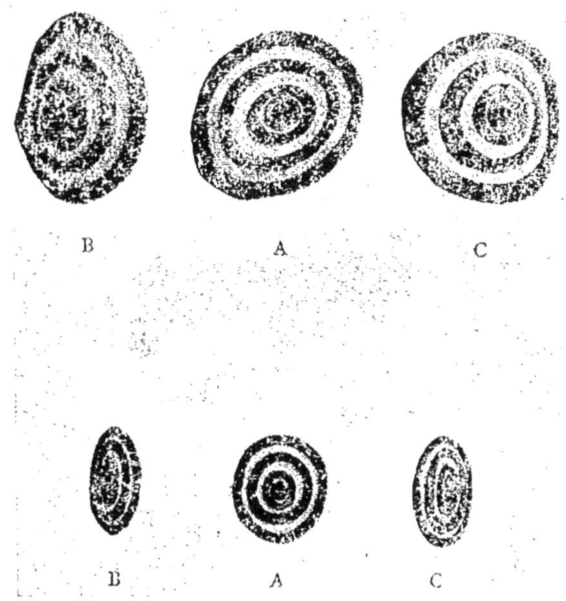

Fig. 18. — Disque de *Placido*. Images de réflexion sur la surface antérieure du cristallin mort.
En haut, état naturel.
En bas, après une injection dans le corps vitré.

est due à M. *Druault*. M. *Brudzeoskoi*, qui fréquentait aussi le laboratoire à cette époque, a bien voulu dessiner la fig. 18. Par suite de l'injection l'image du disque de *Placido* a diminué de moitié, comme cela a lieu pour l'accommodation maxima. On peut d'ail-

leurs se borner à une simple compression de la sclérotique, elle a le même effet *(Heine)*. — Je ne connais
aucun autre moyen de donner à la surface antérieure
une courbure qui correspond à l'accommodation
maxima. — La forme de la surface n'est d'ailleurs
pas identique à celle du cristallin accommodé — la
courbure augmente vers les bords. Mais ce serait peut-
être aussi trop demander à une expérience de ce
genre.

Il est curieux de remarquer combien on était près
de la vérité avant l'intervention ds *v. Helmholtz*
Nous lisons, en effet, dans l'*Optique physiologique*
(éd. fr., p. 150).

« D'après la supposition de *Cramer* et de *Donders*,
« l'iris et le muscle ciliaire produiraient le change-
« ment de forme du cristallin par l'intermédiaire d'une
« augmentation de pression dans le corps vitré et
« sur les bords du cristallin, à laquelle le milieu de
« la face antérieure, situé derrière la pupille, serait
« seul soustrait; et il faut convenir, en effet, que l'aug-
« mentation de courbure de la surface antérieure
« que *Cramer* avait observée en premier, pourrait
« s'expliquer de cette manière.

« Quant au changement de forme du cristallin, tel
« qu'il se comporte d'après mes mensurations, il ne
« peut s'expliquer ainsi sans faire intervenir une
« autre force. Il est évident que l'augmentation de
« pression hydrostatique qui agit sur la partie posté-
« rieure et sur les bords du cristallin ne peut en
« augmenter l'épaisseur. Une pression ainsi dirigée

« aurait pour effet d'augmenter la courbure anté-
« rieure du cristallin, mais d'en aplatir en même
« temps la face postérieure. »

Rien ne montre mieux que ces phrases comment le
malheur est arrivé. Il y a trois facteurs :

1° L'observation juste que la courbure postérieure
du cristallin augmente pendant l'accommodation.

2° La supposition fausse que le vitré est un liquide.

3° Le raisonnement juste que, dans cette supposition, une traction exercée sur la choroïde doit aplatir
la surface postérieure [1].

Le produit de ces trois facteurs a été la conception
erronée du mécanisme de l'accommodation qui s'est
propagée jusqu'à nos jours.

Dans son discours à l'occasion de son soixante-
dixième anniversaire *v. Helmholtz* raconte qu'il se
plaisait à faire de longues excursions à pied dans les
environs de Königsberg pour se reposer de ses travaux; c'était souvent dans ces conditions que les nouvelles idées germaient dans son esprit. Je me figure
qu'il aurait pu, unjour, amener un anatomiste de ses
amis, et qu'il lui aurait développé ses objections contre les idées de *Cramer*. L'anatomiste aurait alors
pu lui dire : « Pardon, maître, vous avez tort de considérer le corps vitré comme un liquide. C'est un
corps gélatineux qui adhère intimement à la rétine,
comme celle-ci adhère à la choroïde ». Si son ami lui

---

1. L'hypothèse de *v. Helmholtz* lui-même semble impliquer nécessairement une augmentation de pression dans le corps vitré, par suite de la
traction sur la choroïde. Pourquoi n'aplatit-elle pas la surface postérieure?

avait tenu ce propos, croit-on que *v. Helmholtz* aurait abandonné la voie que *Cramer* avait indiquée? Il aurait bien vu que dans ces conditions il n'y a rien qui empêche la partie centrale de la surface postérieure de se bomber. Guidé par l'observation de *v. Graefe* que l'iris n'est pas indispensable à l'accommodation, il aurait remplacé son action par celle de la zonule et il aurait eu la vérité entre ses mains.

IV

Une singulière observation. — Imprudence. — La « chute » du cristallin. — Explication de Schön. — Le tremblement du cristallin
sous l'influence de l'ésérine. — Stérilité de l'hypothèse de *v. Helmholtz*. — Myopie par suite de luxation du cristallin. — Questions.

Tout à fait au commencement de mes études sur
l'accommodation, je faisais une observation singulière. J'avais pris mes dispositions pour pouvoir observer commodément le déplacement centripète de
l'image de la surface antérieure pendant l'accommodation; je remarquais alors, quand cette image avait
fini son déplacement, et l'accommodation avait atteint
son maximum, que la petite image de la surface
postérieure se déplaçait à son tour et toujours vers
le bas, n'importe où elle se trouvait dans la pupille.
En relâchant l'accommodation, elle remontait avec
un mouvement rapide, comme mue par un ressort,
et ce n'était qu'après qu'elle avait repris sa place
que la grande image se mettait en mouvement pour
reprendre sa position de repos. En étudiant le phénomène de plus près je voyais que la petite image subis-
sait un déplacement centripète, en même temps que
la grande mais beaucoup moins prononcé. C'est ce
déplacement qui indique l'augmentation de courbure

de la surface (fig. 19). Et pendant que la petite image descend, lorsque l'accommodation atteint son maximum, la grande image se déplace aussi un peu vers le bas, mais très peu.

En publiant cette observation, j'eus l'imprudence

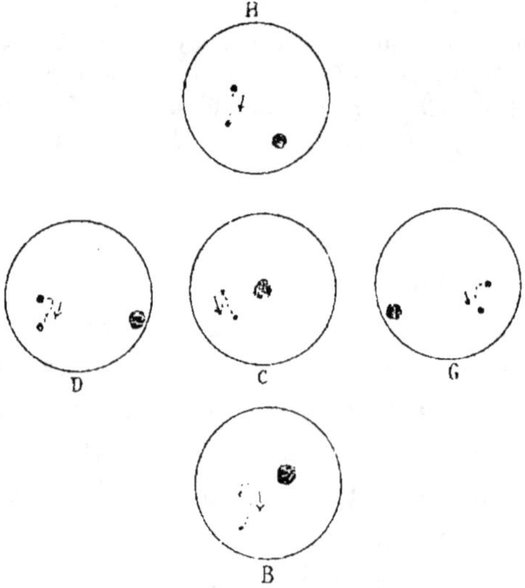

Fig. 19. — Déplacement de l'image de réflexion sur la surface postérieure du cristallin, lorsque l'accommodation atteint son maximum. — C, regard droit en avant, H, regard vers le haut. B, vers le bas, D, à droite, G, à gauche.

d'ajouter que je ne voyais pas comment on pouvait s'expliquer ces phénomènes avec la manière de voir de *v. Helmholtz*, à moins qu'on voulût peut-être l'attribuer à l'influence de la gravité. D'après la tournure qu'a prise la discussion depuis, on pourrait presque me soupçonner d'avoir voulu tendre un piège à mes adversaires. Ce n'est pourtant pas le cas. Quoique je n'aie jamais cru que l'hypothèse de *o. Helmholtz* était conforme à la vérité, elle ne me paraissait

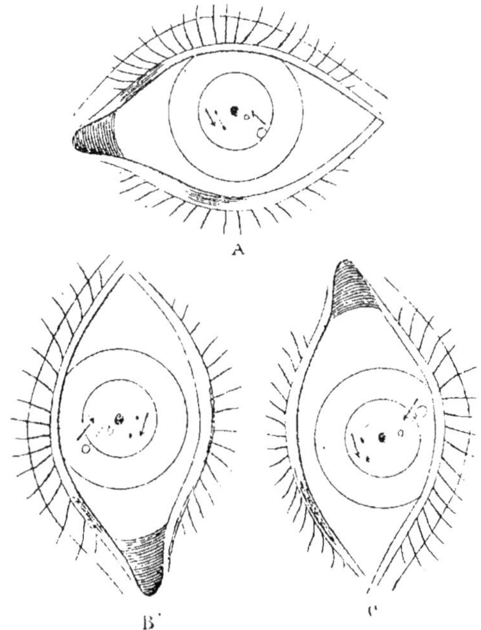

Fig. 20. — Déplacements accommodatifs des images cristalliniennes. La petite image se déplace vers le bas, même si le sujet est couché sur le côté.

● Image de la cornée.

◯ Image de la surface antérieure du cristallin.

• Image de la surface postérieure du cristallin.

pourtant pas aussi invraisemblable à cette époque que maintenant. J'avais encore quelque espoir d'arriver à la vérité par cette voie.

Toujours est-il que le professeur *Hess* s'empara de l'observation ; par suite d'une série d'expériences, d'ailleurs bien conduites, il montra que le phénomène dépend en effet de la gravité ; la petite image descend vers le bas, aussi lorsque le sujet est couché sur le côté. M. *Hess* se servait aussi de la méthode entoptique qui donna des résultats concordants. J'ai vérifié ces observations (fig. 20).

On a voulu expliquer l'observation en disant que le cristallin « tombait en bas dans l'espace zonulaire » lorsque l'accommodation atteint son maximum, par suite du relâchement de la zonule admis par *v. Helmholtz*. Je dois dire que l'explication me semble non seulement insuffisante mais inadmissible. J'ai déjà fait remarquer que je ne comprends pas comment une action du muscle, comme *v. Helmholtz* la supposait, puisse relâcher la zonule. Je ne comprends pas comment un tel relâchement puisse produire le changement accommodatif du cristallin. Et je ne comprends pas non plus comment il pourrait avoir pour effet de faire tomber le cristallin en bas sous l'influence de la gravité. — Si on se figure à la manière de *v. Helmholtz* le cristallin comme un corps élastique suspendu entre deux liquides dans la zonule tendue, cela va encore. Mais si on se rappelle que le corps vitré représente un tissu d'une certaine consistance et que le cristallin y est fixé, je ne vois pas comment un tel changement pourrait avoir lieu. Il est certain que le cristallin ne peut pas glisser sur la surface antérieure du corps vitré. Il faudrait donc que celui-ci lui-même descende, mais je ne vois pas comment un relâchement de la zonule pourrait avoir cet effet.

On est allé trop vite en besogne en voulant à tout prix trouver des confirmations de l'hypothèse de *v. Helmholtz*. Il ne faudrait pas oublier qu'en réalité personne n'a vu le cristallin descendre. Dans le seul cas, où on aurait pu l'observer, celui de *Grossmann*, il montait au contraire. L'observation des images de *Purkinje* n'indique pas une descente, mais une sorte de rotation autour d'un centre situé dans le voisinage du centre de rotation de l'œil[1]. On ferait donc bien de ne pas se contenter de l'explication qu'on vient de lire mais chercher autre chose. — Comme le dit *Merkel*, dans le segment antérieur toutes les parties constituantes de l'œil sont soudées ensemble. C'est justement ce qui fait la difficulté de comprendre une influence de la gravité. Il y a pourtant deux exceptions. D'abord, la masse cristallinienne est libre dans sa capsule. Et si les fibres de la zonule qui vont à la surface antérieure se tendent sous l'action du muscle ciliaire, la direction de celles qui vont à la surface postérieure est telle que la contraction du muscle doit avoir pour effet de les relâcher. Dans ces conditions on pourrait peut-être se figurer le phénomène dû à un déplacement de la masse cristalinienne dans l'intérieur de sa capsule. Mais j'ai

1. Les observations mentionnées dans ce chapitre ont ceci de commun que les déplacements de la petite image sont bien plus étendus que ceux de la grande. Chaque fois qu'on observe des phénomènes de ce genre, il ne faut pas oublier qu'un petit déplacement du regard pourrait peut-être jouer un rôle.

cherché dans cette direction pendant longtemps sans arriver à une explication satisfaisante.

Ensuite il y a un espace libre entre la sclérotique et la choroïde. C'est justement ce qui permet le déplacement de celle-ci pendant l'accommodation. Or, M. *Schön* suppose que le corps ciliaire et la partie antérieure de la choroïde se séparent de la sclérotique pendant l'accommodation, de manière à laisser entre elles un petit espace rempli de liquide. On n'aurait ainsi pas de difficulté à se figurer que tout le contenu de la coque oculaire puisse se déplacer un peu sous l'influence de la gravité. Il est vrai qu'on ne se figure pas bien, en regardant une section de l'œil, comment le muscle pourrait exercer une traction sur la choroïde sans produire un effet de ce genre. Néanmoins j'hésitais toujours à admettre cette explication, quand, en relisant le travail de *Hensen* et *Voelckers*, pour la rédaction de ce travail, je m'aperçus qu'ils avaient vu le muscle se retirer de la sclérotique pendant la tétanisation. Il est donc bien possible que M. *Schön* ait raison. Il serait à désirer que quelqu'un qui a l'habitude de travailler avec des animaux reprenne cette question. Si les idées de M. *Schön* sont justes, on devrait pouvoir réussir à introduire une canule dans l'espace supra-choroïdien pendant la tétanisation. Si ensuite on relâchait l'accommodation et si on plaçait l'extrémité libre de la canule dans un vase rempli de liquide, on devrait pouvoir en constater une aspiration par suite d'une nouvelle tétanisation.

Je me permettrai de dire ici deux mots de l'œuvre de *Schön*. J'avais pensé donner un exposé de sa conception du mécanisme de l'accommodation, mais j'y ai renoncé, pensant qu'il le ferait bien mieux lui même. Ceux qui sont au courant de la question verront bien en quoi mes idées sont conformes aux siennes et en quoi elles en diffèrent. Même en n'étant pas tout à fait d'accord avec lui on ne peut pas lui refuser le mérite d'avoir vu que l'hypothèse de *v. Helmholtz* était inadmissible et d'avoir soutenu cette opinion à une époque où tout le monde était d'avis contraire. On est allé trop vite en besogne en cherchant des confirmations de l'hypothèse de *v. Helmholtz*. En voici un autre exemple.

Fig. 21. — W. Schön.

Donders a très soigneusement étudié l'influence

de l'extrait de calabar sur l'œil. Il décrit (*Anomalies of refraction*, chapitre XII) comment l'instillation produit d'abord de légères contractions spasmodiques dans les paupières ; ensuite commence la contraction de la pupille : « surtout au commencement de la contraction on observe des vibrations spasmodiques, involontaires, de son diamètre ». En déterminant le *remotum* on observe des spasmes cloniques de l'accommodation. A la moindre impulsion de la volonté correspond un grand changement de l'état accommodatif, etc.

Dans ces conditions on ne devrait guère s'attendre à trouver les images de *Purkinje* immobiles après l'instillation d'ésérine. On trouvait, en effet, surtout après des déplacements du regard, un certain tremblement de l'image de la surface postérieure et aussi de la masse cristallinienne. Quoi de plus naturel que de l'attribuer à des contractions involontaires des fibres du muscle ciliaire comme *Donders* en avait observé dans les paupières et dans l'iris ? — Mais le désir de trouver des confirmations de l'hypothèse de *v. Helmholtz* en a décidé autrement. On s'est figuré que le cristallin tremblait parce que la zonule était relâchée ; on créa un nom spécial pour le phénomène (*Linsenschlottern*), et il figure pour le moment comme une des preuves les plus concluantes de l'hypothèse. Et, pourtant, il s'observe en général peu de temps après l'instillation, à la même période où on observe aussi les spasmes des paupières et de l'iris, et où on ne constate que très peu de myopie ; et il disparaît lorsque l'action de l'ésérine atteint son maximum (*C. Hess :* « *Ich habe wiederholt beobachten können dass eine Linse die deutlich schlotterte, wenn die Pupille weit war weniger oder gar nicht schlotterte, wenn die Pupille sich verengert hatte.* » — « *Es war auffällig, dass das Linsenschlottern bei jegendlichen Individuen schon sehr deutlich zu sehen war während die Myopie bei der skiaskopischen Untersuchung nur 1,0 bis — 4,0 Dioptrien betrug,* etc. (*Graefe's Archiv.,* XLII, 1, p. 303-4.)

En ce qui concerne la question de l'accommodation, l'influence de *v. Helmholtz* sur ses successeurs n'a pas été heureuse. A qui la faute incombe-t-elle ?

Je ne vois pas qu'on puisse reprocher grand'chose à *v. Helmholtz* lui-même. Il n'y a rien à dire contre ses mensurations ; ses résultats sont tous exacts. On ne peut guère lui reprocher ses erreurs anatomiques ; il était physicien et non pas anatomiste et l'anatomie de l'œil n'était pas, à cette époque, ce qu'elle est maintenant. Il n'a pas été trop affirmatif en exposant son hypothèse et il n'a pas caché que ses mensurations n'étaient pas d'accord avec ses idées, puisqu'il a imprimé ses résultats. Mais il me semble que la génération qui l'a suivi ne peut pas éviter le reproche d'avoir été plus royaliste que le roi et d'avoir lu un peu trop souvent : « Le mécanisme est tel » là où le maître avait écrit : « Le mécanisme pourrait peut-être être tel. »

En finissant cet exposé je voudrais en avoir fini

pour toujours avec l'hypothèse de *v. Helmholtz*. Malheureusement je n'ose pas espérer qu'il en sera ainsi. Il y aura encore des personnes qui resteront attachées à cette hypothèse qui a dominé les esprits pendant si longtemps. A celles-là je conseillerai de laisser la question tranquille ; leurs efforts seront stériles, la littérature de ces quinze années le montre bien. Et à quoi bon ? Ce qu'il y a de vrai dans le travail de *v. Helmholtz* saura bien résister sans eux.

Leurs efforts resteront stériles, comme l'hypothèse elle-même l'a été. L'explication juste d'un phénomène est en général très fertile. Elle jette un jour nouveau sur d'autres phénomènes et soulève souvent nombre de questions. L'hypothèse de *v. Helmholtz* n'a jamais soulevé qu'une seule question à savoir : si elle correspond à la vérité ou non. Et quels faits peut-elle prétendre avoir expliqué, autres que l'accommodation, pour laquelle elle a échoué ? Depuis le jour où elle commençait à dominer les esprits, l'accommodation est restée une chose isolée, à laquelle il ne fallait pas toucher, sans rapport ni avec la physiologie, ni avec la pathologie de l'œil. Même la presbytie ne s'explique pas bien. Le seul fait clinique pour lequel on a eu recours à elle est la myopie qu'on observe quelquefois par suite d'une luxation du cristallin. Et là elle ne suffit pas non plus. Cela va encore pour des personnes d'âge moyen, dont l'amplitude n'est pas grande. Dans ces cas les quelques dioptries de myopie qu'on observe peuvent à la rigueur s'expliquer de cette manière. Mais a-t-on jamais à la suite d'une luxation du cristallin, chez un sujet jeune, observé une myopie de 10 à 12 D. comme l'exigerait la théorie? La myopie s'explique très bien d'après les observations de *Heine*, mais elle n'est pas due à une sorte d'accommodation.

Mais s'il y a des personnes qui garderont leur confiance dans la théorie de *v. Helmholtz*, il y en aura d'autres qui verront qu'on avait fait fausse route. À celles-là je conseille de travailler. Ce ne sont pas les questions qui manquent; mais ils auront des difficultés pour commencer. Il n'est pas facile de remanier ses idées sur les parties constituantes de l'œil du jour au lendemain.

Si on demande à un oculiste d'expliquer, à des personnes qui n'en savent rien, comment l'œil est bâti, je crois qu'il n'y en a pas beaucoup qui ne diraient pas que l'œil est une sorte de sac rempli de liquide; que la paroi est formée en avant par la cornée, en arrière par les trois membranes superposées, et qu'il n'y a dans l'intérieur de l'œil qu'un seul corps un peu solide, le cristallin; ce corps est suspendu entre deux liquides, l'humeur aqueuse en avant, le corps vitré en arrière.

Il faut se figurer les choses autrement; il faut se pénétrer de l'idée qu'il n'y a dans l'œil *jeune* et *normal* de liquide libre que dans la chambre antérieure, dans le canal hyaloïdien, et peut-être un peu dans l'espace suprachoroïdien — et que la choroïde, la rétine, le corps vitré et le cristallin forment un seul bloc qui est jusqu'à un certain point libre dans la coque scléroticale. En avant toutes ces parties sont soudées ensemble, en arrière le vitré et la rétine adhèrent intimement, et si l'adhérence entre la choroïde et la rétine est moins intime, il ne faut pas se figurer qu'elles puissent par exemple glisser l'une sur l'autre. Le degré d'adhérence diffère suivant que l'œil a été exposé à la lumière ou non ; dans un œil qui a été bien éclairé il est impossible de les séparer sans qu'une partie du pigment adhère à la rétine.

Ce sont là des idées qui paraîtront peut-être étranges à beaucoup de personnes de la génération actuelle qui a, pour ainsi dire, été élevée le microscope en main. Elles l'auraient moins paru aux anatomistes anciens. La méthode moderne par excellence, d'examiner l'œil durci au microscope, a été très utile à beaucoup de points de vue. Mais à nos connaissances du corps vitré son influence a été funeste et cette influence va loin, peut-être plus loin qu'on ne le croirait. Parmi tous les auteurs modernes je ne vois guère que *Stilling* qui ait eu des idées justes sur la nature du corps vitré. Personne qui s'intéresse à ces questions ne devrait négliger de lire ses travaux. Combien y a-t-il de nos contemporains qui comme lui appelleraient le corps vitré un organe. On pourrait aussi citer *de Wecker*. Il ne cessa pas de nous répéter : « Il ne faut pas oublier que le corps vitré n'est pas un liquide ; c'est un tissu, et on ne peut pas le toucher impunément, etc. »

Qu'est-ce qui se passe au juste lorsqu'on broie le corps vitré ? On a souvent comparé cet organe à une éponge. La comparaison ne peut être juste que si on se figure toutes les cavités de l'éponge très petites et complètement isolées les unes des autres. Car lorsqu'on sectionne le corps vitré, il ne sort que très peu de liquide, comme le dit *Merckel*. Il faut donc se figurer le corps vitré composé de cavités extrêmement petites et extrêmement nombreuses, remplies de liquide et séparées par des membranes très fines et très friables. — Lorsque le vitré devient plus liquide est-ce que ce n'est pas parce que ces membranes se déchirent en partie, de sorte que les petites cavités se réunissent pour en former de plus grandes ? Est-ce que ce ne sont pas les débris de ces membranes que nous voyons sous forme de mouches volantes ? Dans la myopie, est-ce que ce n'est pas par suite de l'agrandissement du globe et la traction que subit le corps vitré, adhérent à la rétine, que les membranes du vitré se déchirent ? Si, en général, des personnes âgées voient plus de mouches que les jeunes, est-ce que ce n'est pas parce que ces membranes se déchirent peu à peu sous l'influence de l'âge, par suite d'une atrophie ou pour d'autres raisons ? S'il se confirme que le vitré devient plus liquide avec l'âge, la raison de la presbytie ne serait-elle pas tout autant à chercher dans le corps vitré que dans le cristallin ?

On a beaucoup — il me semble en vain — cherché la raison du rapport qui existe entre le travail de près et la myopie. Si pendant l'accommodation les parties périphériques du vitré sont tirées en avant et en dedans vers le cristallin, n'est-il pas probable que la partie centrale, sous l'influence de cette poussée tende à s'échapper en arrière, de manière à exercer une pression localisée au pôle postérieur de l'œil ?

Ou dans un autre ordre d'idées : J'ai déjà dit que la consistance du corps vitré jeune est si considérable qu'on dirait presque que c'est lui qu'on tâte à travers la sclérotique, lorsqu'on examine la tension de l'œil. Est-ce qu'il n'y a pas quelqu'un de ceux qui ont l'occasion de pouvoir le faire, qui se sentirait tenté d'examiner le corps vitré de quelques yeux glaucomateux à l'état frais ? Une hypertrophie du corps vitré expliquerait bien des choses, il me semble. Il est vrai que ce serait dommage pour toutes les belles préparations microscopiques qu'on aurait pu faire avec ces yeux. Mais on en a tant fait — et elles nous ont si peu renseigné.

Ou encore : Qu'est-ce qui se passe au juste, lorsqu'un coup produit ce que nous appelons une luxation du cristallin ? Celui-ci sort-il de son chaton ? Ou, n'est-ce pas plutôt une partie du corps vitré qui est broyée et qui en changeant de forme a entraîné le cristallin avec elle ? — Ce ne sont pas les questions nouvelles qui manquent ! Il y a aussi le canal de *Stilling* qui attend son explication.

Mais pour revenir au grand génie qui nous a donné l'ophtalmoscope, l'ophtalmomètre et le volume de l'Optique physiologique, il y a peut-être de mes lecteurs qui trouveront que nous avons fait quelques pas en avant vers la solution du problème de l'accommodation depuis ses travaux. À ceux-là je répéterai la phrase de *Guy de Chauliac* que me citait un confrère à qui j'avais montré quelques observations en contradiction avec les vues de *v. Helmholtz* : « *Un enfant peut voir plus loin qu'un géant, s'il est assis sur ses épaules.* »

BIBLIOGRAPHIE

1730. Pourfour du Petit, Mémoire sur le cristallin de l'œil de l'homme, des animaux à quatre pieds, des oiseaux et des poissons. *Mém. de l'Acad. des Sciences.*

1801. Th. Young, On the mecanism of the eye. *Transactions of the Royal Society.*

1823. Purkinje, De examine physiologico organi visus et systematis cutanei. *Wratislaviae.*

1834. Krause, C., Ueber die gekrümmten Flächen der durchsichtigen Theile des Auges. *Pogg. Ann.,* XXI.

1836. Krause, C., Fortsetzung der Untersuchungen über die Gestalt und Dimensionen des Auges. *Pogg. Ann.,* XXXIX.

1847. Brücke, E., *Anatomische Beschreibung des menschlichen Augapfels.*

1849. Langenbeck, M., *Klinische Beiträge aus dem Gebiete der Chirurgie und Ophthalmologie.*

1855. Cramer, A., *Das Accommodationsvermögen des Auges.* Leer.

1855. Helmholtz, H., Ueber die Accommodation des Auges. *Graefe's Arch.,* I, 2.

1857. Müller, H., Ueber einen ringformigen Muskel am Ciliarkorper. *Graefe's Archiv.,* III, 1. et IV, 2.

1860. Knapp, J.-H., Ueber die Lage und Krümmung der Oberflächen der menschlichen Krystallinse und den Einfluss ihrer Veränderungen bei der Accommodation auf die Dioptrik des Auges. *Graefe's Arch.,* VI, 2, et VII, 2.

1861. Graefe, A., v. Fall von acquirirter Aniridie als Beitrag zur Accommodationslehre. *Graefe's Archiv.,* VII, 2.

1868. Coccius, A., *Der Mechanismus der Accommodation des menschlichen Auges nach Beobachtungen im Leben*. Leipzig.

1868. Voelckers, C.. u. Hensen, W., *Experimentaluntersuchung über den Mechanismus der Accommodation*. Kiel.

1869. Reuss, u. Woinow, *Ophthalmometrische Studien*.

1871. Woinow. *Ophthalmometrie*.

1872. Mandelstamm. u. Schoeler, Eine neue Methode zur Bestimmumg der optischen Constanten des Auges. *Graefe's Arch.*, XVIII.

1873. Voelckers, C., u. Hensen, W., Ueber die Accommodationsbewegung der Choroidea im Auge des Menschen, des Affen und der Katze. *Graefe's Arch.*, XVIII.

1874. Reich. Resultate einiger ophtalmometrischen und optometrischen Messungen. *Graefe's Arch.*, XX.

1887. Schön, W., Der Accommodationsmechanismus. *Arch. f. Phys.*

1887. De Wecker, L., et Landolt, E., *Traité complet d'ophtalmologie*. Paris.

1892. Tscherning, M., Beiträge zur Dioptrik des Auges. *Zeitschr, f. Ps. u. Phys. d. Sinnesorg.*

1894. Tscherning, M., Etude sur le mécanisme de l'accommodation. *Arch. de Phys.*, janvier.

1894. Tscherning, M., Œuvres ophtalmologiques de Th. Young, traduites et annotées. Copenhague.

1895. Schön, W., Der Accommodationsmechanismus. *Arch. f. d. ges. Phys.*

1896. Stadfeldt, A.. Die Veränderung der Linse bei Traction der Zonula. *Kl. M. f. A.*, Decbr.

1896. Crzellitzer, Zonularspannung und Linsenform. *Heidelberger Ber.*

1896. Crzellitzer, Die Tscherning'sche Accommodationstheorie. *Graefe's Arch.*, XLII, 4.

1896. Hess, C., Arbeiten aus dem Gebiete der Acommodationslehre I. *Graefe's Arch.*, XLII, 1.

1897. Hess, C., Arbeiten aus dem Gebiete der Accommodationslehre III. *Graefe's Arch.*, XLIII.

1897. Priestley Smith, Model illustrating Tscherning's theory of the accommodation. *Transact. of the opht. Soc.*, XVII.

1898. Heine, L., Beiträge zur Physiologie u. Pathologie der Linse. *Graefe's Arch.*, XLVI.

1898. Priestley Smith, Accommodation theory of Helmholtz and Tscherning. *Opth. Rev.*, Nov.

1898. Tscherning, M., *Optique phyriologique.*

1898. Rabl, Ueber den Bau und Entwickelung der Linse. *Zeitschrift f. Wissensch. Zoologie.*

1899. Holth, S., Etudes ophtalmométriques sur l'œil humain après la mort. *Congr. intern. d'Utrecht.*

1900. Auerbach, *Contribution à la dioptrique d'yeux de différente réfraction* (en russe). Moscou.

1901. Schön, W., L'accommodation de l'œil humain. *Arch. d'opht.*

1901. Besio, E., La forme du cristallin humain. *Journ. de phys.*

1903. Grossmann, K., The mecanism of the accommodation in man. *Brit. med. Journ.*

1903. Maklakoff, A., *Changements des éléments dioptriques de l'œil pour différents degrés d'accommodation* (en russe). Moscou.

1904. Tscherning, M., Le mécanisme de l'accommodation. *Ann. d'oc.*, mars.

1905. Saunte, O., *Linsemaalinger* (danois). Odense.

1906. v. Pflugk, *Ueber die Accommodation des Auges der Taube.* Wiesbaden.

1906. Dalen, A., Ophthalmometrische Messungen an der toten menschlichen Krystallinse. *Widmark's Mittheilungen*, 8.

1908. Zeeman, W., Ueber die Form der hinteren Linsefläche *Kl. M. f. A.*, XLVI.

1908. v. Pflugk. L'accommodation des tortues. *Congr. franç. d'opht.*

TABLE DES MATIÈRES

Paris. — Imp. Lavé, rue Cassette, 17. — 8.